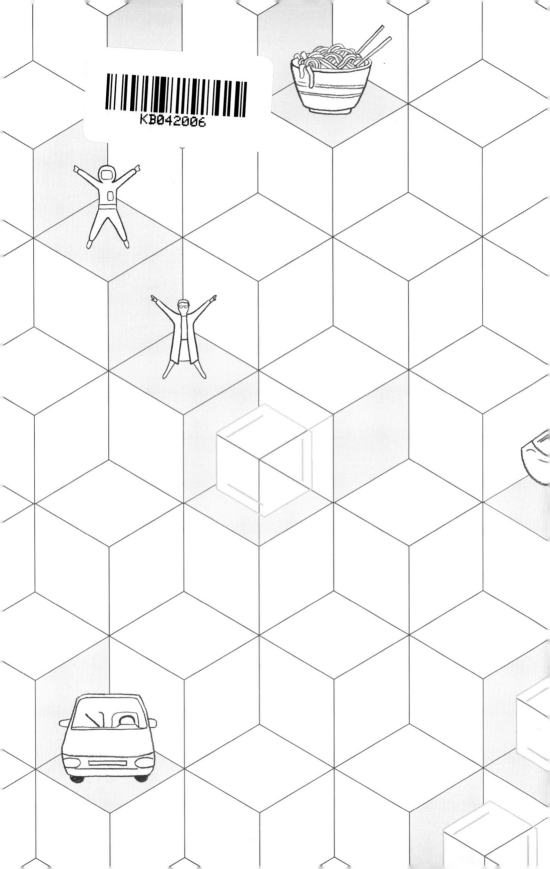

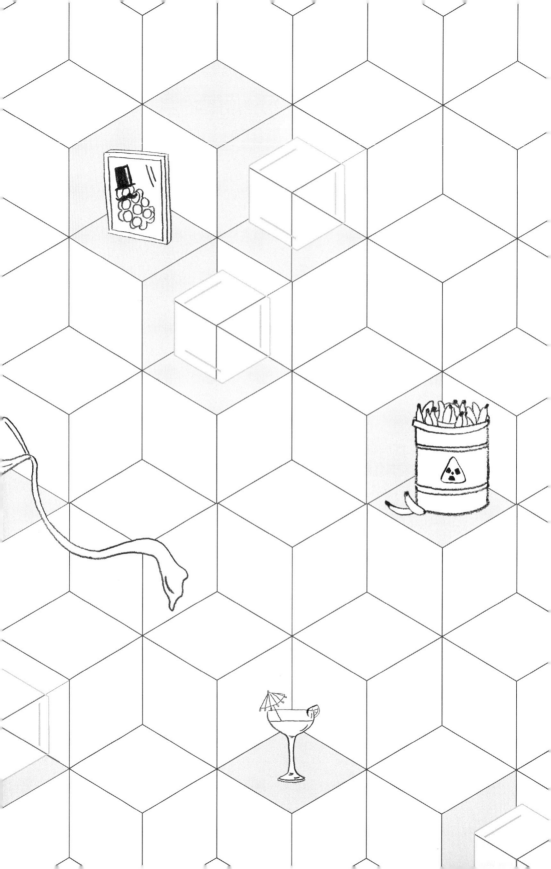

사소하고 유쾌한 생활   주변의 과학

방구석 과학쇼
SHOW

Helen Arney, Steve Mould 지음
이경주 옮김

사소하고 유쾌한 생활 주변의 과학
방구석 과학쇼

The Element in the Room by Festival of the Spoken Nerd: Helen Arney and Steve Mould

First published in Great Britain in 2017 by Cassell Illustrated, a division of Octopus Publishing Group Ltd, Carmelite House, 50 Victoria Embankment, London EC4Y 0DZ

Design and layout copyright © Octopus Publishing Group 2017

Text copyright © Helen Arney and Steve Mould 2017

Illustrations (pages 9, 10, 21, 40, 61, 71, 72, 102, 106, 132, 147, 164, 171, 190, 199) © Richard Wilkinson 2017

Picture Credits:

9, 10, 21, 40, 61, 71, 72, 102, 106, 132, 147, 164, 171, 190 and 199 Richard Wilkinson 44 left Waeruswan Waesemae/123RF; 44 right scream/123RF; 50 Metropolitan Museum of Art, New York, Gift of Charlotte C. and John C. Weber through the Live Oak Foundation, 1988; 75 below left Chronicle of World History/Alamy Stock Photo; 75 below right Photo Researchers/Science History Images/Alamy Stock Photo; 76 and 167 Steve Mould 89 VulpesFidelis/Wikimedia Commons; 127 Humdan/Shutterstock; 170 Wolfgang Beyer/Wikimedia Commons. All other illustrations by Grace Helmer.

ISBN 978-89-314-6186-2

독자님의 의견을 받습니다

이 책을 구입한 독자님은 영진닷컴의 가장 중요한 비평가이자 조언가입니다. 저희 책의 장점과 문제점이 무엇인지, 어떤 책이 출판되기를 바라는지, 책을 더욱 알차게 꾸밀 수 있는 아이디어가 있으면 이메일, 또는 우편으로 연락주시기 바랍니다. 의견을 주실 때에는 책 제목 및 독자님의 성함과 연락처(전화번호나 이메일)를 꼭 남겨 주시기 바랍니다. 독자님의 의견에 대해 바로 답변을 드리고, 또 독자님의 의견을 다음 책에 충분히 반영하도록 늘 노력하겠습니다.

파본이나 잘못된 도서는 구입처에서 교환 및 환불해드립니다.

이메일 : support@youngjin.com

주 소 : 서울시 금천구 가산디지털2로 123 월드메르디앙벤처센터 2차 10층 1016호 (우)08505

등 록 : 2007. 4. 27. 제16-4189호

STAFF

저자 Helen Arney, Steve Mould | **번역** 이경주 | **책임** 김태경 | **진행** 정소현, 이민혁 | **표지·내지 디자인** 김효정 | **내지 편집** 김효정 | **영업** 박준용, 임용수, 김도현 | **마케팅** 이승희, 김근주, 조민영, 이은정, 김예진 | **제작** 황장협 | **인쇄** 제이엠

목차

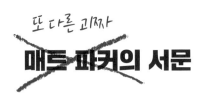

또 다른 괴짜
~~매트 파커의~~ 서문

저는 약 10년 동안(근 10년을요!) 헬렌과 스티브와 함께 'Festival of the Spoken Nerd'에서 일해왔으며, 그동안 그들이 라이브 무대에서 온갖 종류의 과학적 개념들을 활기 넘치게 설명하는 것을 매우 기쁘게 보았습니다. 저의 분야인 수학에 관해 설명할 때 저는 관객들이 자신만의 방식으로 주어진 공식과 원리를 통해 내용을 추론하여 이해하도록 놔두었지만, 헬렌과 스티브는 관객들이 실험 설계의 모든 미묘한 부분과 오해의 함정에 빠지지 않도록 안내해야만 했지요.

저희 3인조는 라이브 쇼를 진행하는 것으로 시작했지만, 언제나 그 범위를 넓혀 우리가 하는 일에 대해 사람들이 집에서 책을 읽는 것처럼 편히 즐길 수 있기를 원했습니다. 'Festival of the Spoken Nerd'를 통해 사람들이 언제든지 편하게 수학과 과학을 즐길 수 있기를 원했죠. 그래서 DVD를 제작했습니다.

Spoken Nerd 스타일로 자세하게 수학과 과학을 설명하는 책을 출판하자는 이야기가 오고 갔을 당시, 저희는 이 책이 저희 방송을 이해하는데 많은 도움이 될 것으로 생각했어요. 그러나 애석하게도 당시에 저는 'The Wrong Book'을 집필하느라 바빴습니다.

그래서 헬렌과 스티브가 과학에 관련된 내용으로 선두 집필에 나서기로 했지요. 그들에게는 제가 필요하지 않았고, 저는 그저 방해될 뿐이었어요. 그들은 자기 주도 실험에서부터 우주의 엔딩에 대해서까지 전반에 걸친 모든 내용을 다룰 수 있었으며 단어 하나하나에 심혈을 기울여 여러분이 지금 들고 있는 이 책에 그들의 전염성 있는 열정을 쏟아부었습니다.

하지만 저는 생각보다 훨씬 더 효율적으로 책에 기여할 수 있었어요. 이 서문뿐만 아니라, 이 책을 위해 헬렌과 스티브에게 127페이지 꽉 차게 수학에 관련된 내용을 작성해서 전달했습니다. 정말로 열심히 작성했어요. 재미있는 부분들은 독자들을 위해 연습문제로써 남겨놓았죠. 그리고 그건 굉장히 기진맥진한 문제들이에요. 제 부분이 수학의 마라톤과 같다면, 헬렌과 스티브의 부분은 경치 좋고 한가로운 과학이라 볼 수 있지요.

그러니 그들이 준비한 부분을 즐기세요. 여러분은 제가 지난 1×10^1년 동안(유효숫자 한자리로 나타내어) 그들과 일하면서 어떤 기분이었는지 곧 알게 될 것입니다. 사실 이 책은 그들의 뇌를 페이지에 그대로 옮겨놓은 것과 같아요. 제가 작성한 부분은 마지막에 부록으로만 존재합니다. [H1+S1]

매트(Matt)

H1+S1 아 참, 후속편인 The Equation in the Not Going to Happen을 기대하세요.
(절대로 그런 일은 일어나지 않을 것이라는 의미..)

Festival of the Spoken Nerd. 그게 다 뭔가요?

저희가 무슨 일을 하는지 설명하기는 쉽지 않아요. 표면적으로는 매우 간단합니다. 저희는 무대에서 과학에 관해 이야기하고 때때로 노래도 하지요. 그리고, 결정적으로 사람들은 그 무대에 대가를 지불하지요. 지난 7년 동안 저희는 자신의 뇌를 자극하고 싶은 호기심 가득한 멋진 관객들을 만났습니다. 그중 몇몇은 술에 취해있거나 우리의 이야기를 우스갯소리로 여기고 있었죠.

그런데 이건 책이잖아요!

좋은 지적이네요. 저희는 마음을 자극하는 아이디어, 실험 및 이야기를 찾는데 많은 시간을 보냈고, 그중에 가장 좋아하는 내용을 이 책에 담았습니다. 어떤 것들은 흥미롭고, 어떤 것들은 바보 같으며, 또 어떤 것들은 그 둘 다 일 거예요. 책의 모든 내용은 지금 여러분 주변에 있는 과학적인 것들에 대한 것이지만, 이제껏 그렇게 생각할 기회가 없을 거예요. 게다가 다음번에도 그렇게 생각하지 않을 거고요.

무슨 과학적인 것들을 말하고 있는 거죠?

'아하!' 하고 영감을 주는 순간이요. 우리가 아이였을 때 잡아챘던 손가락 끝에 남아있는 과학이요. 우리의 뇌가 새로운 아이디어들로 반짝하는 느낌. 그리고 그러한 뿌리로부터 자라나 우리의 삶에 이어왔던 그런 과학 말이에요.

어서요! 더 자세히 말해주세요...

아, 이 책에 대체 무슨 내용이 있냐는 거죠? 자, 우리는 여러분이 가장 잘 알고 있는 과학 설비, 즉 기이학과 의문으로 가득 찬 움직이는 실험실인 우리의 몸에서부터 시작했습니다. Chapter 01에서 저희는 당신이 해답을 찾을 수 있도록 직접 도울 거예요. Chapter 02에서는 그 몸에 여러분이 집어넣는 것들에 대해 살펴볼 것이며, 여러분이 가장 좋아하는 음식과 음료가 어디에서 오는지에 대한 색다른 진실에 대해 다룰 것입니다. 게다가 여기에는 먹는 실험도 포함되어 있어요. Chapter 03에서는 이 모든 것의 우두머리인 신경중추, 바로 뇌에 관한 내용으로 여러분을 인도할 거예요. 여러분이 생각하는 것처럼 정말 통제 아래에 있는지 알아보기 위해 조심스레 자극을 주는 방법을 보여줄게요. 그 다음엔 우리를 둘러싼 세계를 둘러보며, 원하는 주목을 언제나 받지는 못하는 신데렐라 원소들을 찾기 위해 원소 주기율표를 샅샅이 뒤졌습니다. 그것들은 분명히 지금 여러분의 방에 존재할 뿐만 아니라 이 책의 Chapter 04에서 소개하고 있지요. 그다음엔 주변의 협력자들을 추가할 시간이에요! 원치 않는다고 혼자 과학을 해서는 안 돼요. Chapter 05에 다다르면 친구들을 초대해서 집에서 할 수 있는 단계별 실험 가이드와 과학 칵테일 조리법을 참고해서 파티를 열어보세요. 우주에 관한 내용은 Chapter 06에서 다룰 거예요. 지구의 관점에서 우주를 바라보거나 우주의 좋은 위치에서 지구를 바라볼 겁니다. 저 먼 우주에 무엇이 있는지를 배우고 매우 특별한 손님인 '별'의 보너스 기여를 즐기세요. 마지막으로 Chapter 07에서는 우리의 삶을 영위하고, 몰락시키고, 또 재정립하는 미래 기술에 관해 같이 조사할 거예요. 왜냐하면, 지금으로부터 마지막의 순간까지 대체 무슨 일이 일어날지 아주 조금이라도 알고 있는 편이 나으니까 말이죠. 책의 어떤 부분에서는 내용을 깊게 파고들어 설명하지만, 어떤 부분에서는 간단한 설명만 곁들이게 될 겁니다. 어느 쪽이든 다른 과학책에서는 볼 수 없었던 많은 부분을 발견하게 될 거예요.

'방구석 과학쇼'를 어떻게 읽어야 할까요?

여러분의 눈으로요. 그리고 뇌로요. 그러나 단순히 읽는 것에 대한 건 아니에요. 여러분이 집에서 시도해볼 수 있는 여러 실험이 책 여기저기에 나와 있어요. 또 반드시 순서대로 읽을 필요는 없으니 여러분이 내키는 부분을 찾아 읽으면 돼요. 책을 읽다가 혹시 저희와 나누고 싶은 내용이 있다면 저희를 온라인에서 찾아보세요. Facebook과 Twitter 계정은 @moulds, @helenarney, 그리고 @FOTSN입니다. 저희의 유튜브 채널도 찾아보세요.

모든 실험을 다 해보고 싶어요!

멋집니다! 하지만 이 부분에서 저희는 여러분을 믿어야만 할 거예요. 기본적으로, 멍청한 짓은 하지 마세요. 이 책에 나와 있는 가장 즐거운 실험들은 보통 가장 위험하므로 부디 조심하세요. 뭐든 시작하기 전에 시간을 들여 위험 요소를 고려하고, 여러분의 안전은 여러분의 책임임을 기억하세요. 아이들이나 부주의한 어른들은 이 실험을 하지 않는 것이 좋습니다. 몇몇 실험은 술이나 불을 포함하고 있어요. 이 2가지 실험들을 동시에 진행해서는 안 됩니다.

헬렌과 스티브는 누구죠?

여러분이 이 심볼을 보게 되면, 그 부분은 헬렌이 집필한 부분입니다. 여러분은 안경과 실험실 가운으로 그녀를 구별할 수 있지요. 물리를 전공하기는 했지만, 헬렌은 과학 실험 중에 실험실 가운을 입을 필요가 없었으니, 이 책이 그녀가 가운을 입을 수 있는 유일한 기회랍니다.

여러분이 이 심볼을 보게 되면, 그 부분은 스티브가 집필한 부분입니다. 스티브는 언제나 우주비행사가 되고 싶어 했어요. 이 책 안에서 그는 유일하게 그 꿈을 이룰 수 있게 되었어요.

헬렌 아니

헬렌은 과학 분야의 진행자이며 '천사의 목소리'[S1]를 가진 괴짜 여성 가수입니다. 여러분은 그녀가 BBC2의 Coast 프로그램에서 롤러코스터를 타며 물리학을 설명하거나 QI에서 샌디 토크스빅과 전기 실험을 하거나 혹은 디스커버리 채널의 Outrageous Acts of Science를 진행하는 모습을 보았을 거예요. 그녀는 톰 레흐너의 노래 The Elements를 새로운 원소들을 포함하여 처음부터 끝까지 다 부를 수 있으며 천왕성에 대해 적은 가사집을 몇 권 가지고 있습니다. 그러나 그 내용을 여기에 실을 수는 없어요.

스티브 몰드

스티브는 수학 골동품 제작자이며 별난 과학 실험 포스터나 착시 효과를 만드는 유튜브 크리에이터입니다. 그는 어린이를 위한 재미있는 실험 책인 과학자가 되는 법(How to be a Scientist)의 작가이며 터무니없게 들릴지 모르지만 실제로 그의 이름을 딴 과학적 효과가 있어요(141페이지를 보세요). Britain's Brightest, I Never Knew That About Britain과 Blue Peter[H1]에 출연했습니다.

[S1] 문자 그대로예요. 그녀는 그 목소리로 쉬는 시간에 와인 잔을 몇 개 박살 내곤 했어요.
[H1] 거의 십년 전의 일이지만 스티브는 아직도 이야기하죠.[S2]
[S2] 그나저나, 여기 아래 적힌 얘기들은 주석으로 첨부되어 있어요. 아마 책 여기저기에서 자주 보게 될 겁니다.[H2]
[H2] 우리가 간단한 암호를 적어두었으니 우리 중 누가 주석을 달았는지 알 수 있을 겁니다. 각 주석 번호 앞에 S 또는 H라 표기되어 있을 거예요.[S3]
[S3] 나는 암호가 너무 좋아! 그래서 어떤 코드가 내거라고?[H3]
[H3] 오 스티브...

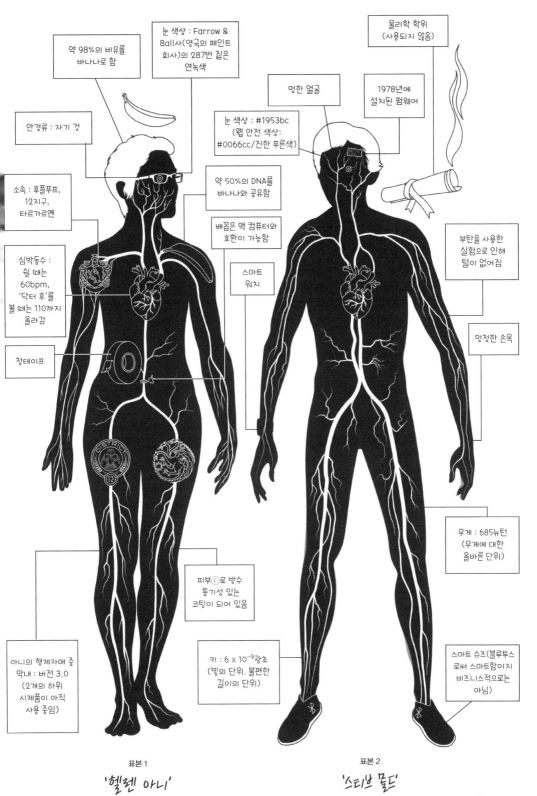

약 98%의 비유를 바나나로 함

눈 색상 : Farrow & Ball사(영국의 페인트 회사)의 287번 짙은 연녹색

멍한 얼굴

물리학 학위 (사용되지 않음)

1978년에 설치된 펌웨어

안경류 : 자기 것

눈 색상 : #1953bc (웹 안전 색상: #0066cc/진한 푸른색)

약 50%의 DNA를 바나나와 공유함

소속 : 후플푸프, 12지구, 타르가르옌

배꼽은 맥 컴퓨터와 호환이 가능함

부탄을 사용한 실험으로 인해 털이 없어짐

심박동수 : 쉴 때는 60bpm, '닥터 후'를 볼 때는 110까지 올라감

스마트 워치

멍청한 손목

청테이프

피부ⓒ로 방수 통기성 있는 코팅이 되어 있음

무게 : 685뉴턴 (무게에 대한 올바른 단위)

아니의 형제자매 중 막내 : 버전 3.0 (2개의 하위 시제품이 아직 사용 중임)

키 : 6 x 10^{-9}광초 (빛의 단위. 불편한 길이의 단위)

스마트 슈즈(블루투스 로써 스마트함이지 비즈니스적으로는 아님)

표본 1

'헬렌 아니'

표본 2

'스티븐 몰드'

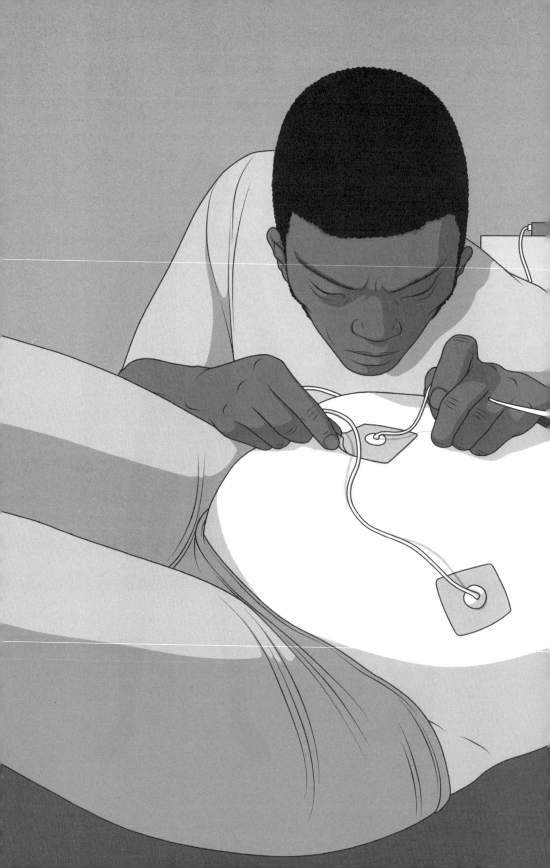

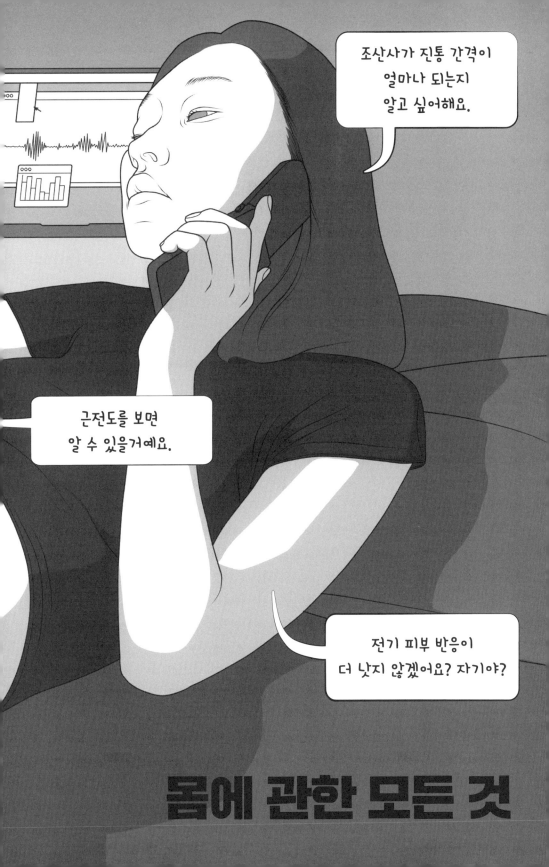

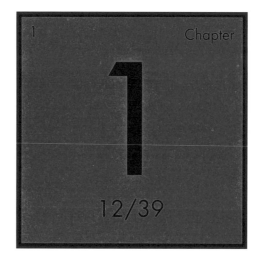

여러분이 아래와 같은 형태의 최첨단 인공지능이 아닌 이상 우리는 모두 '사람의 몸'을 가지고 있습니다.

01001000 01000101 01001100 01001100 01001111 00100000
01010010 01001111 01000010 01001111 01010100 01010011 00100001

인공지능이 아닌 우리에게, 우리의 몸은 집에서 실험 대상으로 삼기에 완벽합니다. 쉽게 접근이 가능하고, 대단히 흥미로우며, 당연한 말이겠지만 비용이들지 않죠. 즉, 하루 24시간 내내 가지고 놀 수 있는 DIY 과학 실험실인 셈입니다.

이번 챕터에서 우리는 인체의 신비와 특징에 대해서 살펴볼 것입니다. 당신의위장 시스템에 사는 박테리아에 대해 알아보거나 물리를 사용해서 머릿속에숨겨진 소리를 듣거나, 또, 엑셀 스프레드시트를 활용해서 당신의 아이가 태어날 정확한 시간을 예측하기도 할 것입니다. 그리고 당신의 몸에 대한 조사를마치면, 동물의 왕국에서 영감을 받아 당신의 파트너와 함께 밤의 실험을 해보세요.

그럼 시작해볼까요...!

혼자서도 할 수 있는 실험

당신의 '밸-브'를 찾아보세요.

동맥을 따라 흐르고 있는 피는 심장으로부터 밀려 나옵니다. 그 말인즉슨 꽤 높은 압력이 작용하고 있다는 뜻이며, 반대 방향으로 흐를 위험이 없다는 것입니다. 하지만 훨씬 낮은 압력이 작용하는 정맥의 경우에는 그렇지 않지요. 정맥에서 피가 반대 방향으로 흐르는 것을 막기 위해, 우리의 몸엔 한쪽으로만 작용하는 아주 작은 밸브들이 숨겨져 있습니다. 이를 찾아내는 것은 엄청 재미 있는 게임인데 혼자서 또는 파트너와, 아니면 그룹으로 해보세요. 아, 걱정 말 아요. 뭐라고 안 해요.

제일 처음으로는 굵고 좋은 정맥을 찾습니다. 핏줄이 잘 보이는 다리를 가졌다 면 당신이 오늘의 주인공입니다! 꼭 그렇지 않더라도, 팔에서 찾을 수도 있어 요. 팔을 밑으로 축 내려뜨린 상태에서 가장 잘 찾을 수 있을 거예요. 손 가까 이 쪽의 정맥 한쪽 끝을 손가락으로 꽉 눌러 피가 어느 방향으로도 흐르지 않 도록 하세요. 그리고 다른 손가락으로 첫 번째 손가락 바로 위쪽 부분을 꾹 누 르세요. 누른 상태에서 두 번째 손가락을 몇 센티미터 위로 움직이세요.

이렇게 하면 이 부분의 정맥이 피가 흐르지 않는 진공 상태가 되어 납작해진 것을 볼 수 있습니다. 여기가 멋진 부분입니다. 이제 두 번째 손가 락을 팔에서 떼면 피가 진공 상태였던 정맥을 따라 다시 흘러가는 데, *가장 가까운 위치의 밸브까지만 돌아갑니다.*

축하합니다, 방금 밸브를 찾으셨군요! 흥미롭게도 하지 정맥류는 이런 작은 밸브들에 기능 이상이 생기면 발생하는 질병입니다.

발을 돌리면서 6을 그려보아요.

의자에 방석을 올려서 앉았을 때 다리가 바닥에 닿지 않도록 해보세요. 만약 당신의 다리가 짧다면 방석은 필요없겠죠.

의자에 앉아서 오른쪽 발을 시계 방향으로 돌리기 시작하세요. 그런 다음 오른쪽 손가락으로 허공에다 크게 숫자 6을 그려보아요. 여기서 조심해야 할 것은 6을 그리는 동안에 오른발은 계속해서 시계 방향으로 돌리고 있어야 합니다.

사실상 거의 불가능하며, 발이 미친 듯이 제멋대로 움직이고 있다는 것을 곧 깨닫게 될 거예요. 우리의 뇌는 우리 몸이 조화롭게 움직일 수 있게 제어하도록 진화했습니다.

가디언지(영국 런던에서 발행되는 일간신문) 독자의 짝짓기 춤

그래서 우리가 걷고 뛰는 것을 잘하는 겁니다. 이 실험에서 알 수 있듯이, 그러한 조화를 깨는 것은 굉장히 어려운 일이죠.

눈이 움직이는 것을 바라보아요.

스포일러 주의

못해요, 못해!

거울 앞에서 거울에 비친 왼쪽, 오른쪽 눈을 번갈아 바라보세요. 눈알이 움직이는 것을 느낄 수는 있겠지만, 그걸 보지는 못할 겁니다. 그건 바로 단속성 운동 보호 현상 때문이지요.

단속성 운동이란, 눈이 한곳을 보고 있다가 다른 곳으로 시선을 돌리는 순간의 빠른 움직임을 말합니다. 그 순간에 눈으로부터 전달된 시각 정보를 뇌가 처리하려 한다면, 여러분은 흐릿한 형체밖에 못 봅니다. 단속성 운동 보호란 눈이 움직이는 사이사이의 시각 프로세스를 뇌가 차단하는 걸 말합니다. 또한 우리의 뇌는 시각 차단을 매우 잘 숨겨서 우리가 눈을 움직일 때마다 일시적인 시각 상실을 느끼지 않게 해줍니다.

만일 눈이 움직이는 것을 꼭 보고 싶다면, 휴대폰 카메라를 셀카 모드로 설정하고 아까와 똑같이 해보세요. 실제 눈의 움직임과 화면에서 보여지는 움직임에 약간의 속도 차이가 있어서 그 찰나를 포착할 수 있을 거예요. 뭐, 꽤 무서워 보이긴 하지만.

떠다니는 손가락 소시지

양쪽 검지손가락을 얼굴 앞쪽에 정확한 일직선 위에 놓고 맞닿게 합니다(마치 ET가 오른쪽 검지손가락으로 왼쪽 검지손가락을 낮게 하려고 터치하는 것처럼 말이죠). 그다음 두 손가락 뒤쪽 어딘가에 시선을 고정하세요. 손가락이 2개로 보이는 시각 효과가 나타나죠! 또, 두 손가락 사이에 손톱 달린 이상한 소시지를 잡고 있는 것처럼 보일 겁니다. 천천히 손가락을 떼어보면 그 소시지가 마치 떠다니는 것처럼 보입니다.

여기서 우리는 눈이 정보를 처리하는 방법에 있어 정말 흥미로운 점을 알려줍니다(소시지는 이제 제쳐두고요).

앞에서 손가락이 2개로 또는 2배로 보이는 것처럼 눈에서부터 모순된 이미지를 전달받으면 뇌는 하나의 이미지를 없애려 하죠. 그럼 만일 눈 한쪽에서 봤을 때 '여기가 네 손가락의 끝이야.'라고 하고, 다른 쪽 눈에서는 '아냐 아냐, 네 손가락은 이것보다 더 길어.'라고 한다면 어떤 쪽 눈에서 보는 이미지가 맞는 걸까요?

이런 경우 더 선명하게 보이는 눈 쪽에서 손가락이 끝나는 부분이 보이게 됩니다. 두 손가락이 겹치는 공간에서 우리의 뇌는 아무런 모순이 없다 여겨서 눈 앞에 손톱 달린 소시지가 보이게 되는 거죠.

힘줄이 없나요?

손바닥이 위로 가도록 팔뚝을 테이블 위에 올려놓으세요. 그런 다음 엄지와 검지를 꼬집듯이 잡은 후 마지막으로 손목을 구부려 손을 위로 살짝 들어 올리세요.

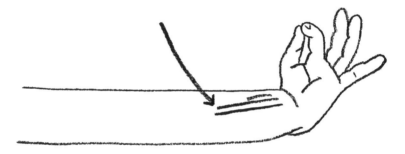

85%의 사람들은 힘줄이 튀어나온 것을 볼 수 있을 거예요. 이 힘줄은 장장근이라는 근육에 연결되어 있죠.

이 근육은 *당신이* 필요해서 있는 것이 아니라 우리의 진화적 조상이 필요로 했었기에 있는 겁니다. 이 근육은 유인원들처럼 팔을 휘적거리며 돌아다닐 때 필요한 것인데, 인간은 더는 그러지 않으므로 흔적으로만 남아있는 특성인 거죠.

나머지 15%의 사람에게는 이러한 특성이 없는데, 만일 그게 당신이라면 축하합니다! 한 발짝 더 진화하셨네요. 혹시 알아요, 엑스맨에서 영입하려고 전화가 올지!

사실 이 근육과 힘줄은 쓸모가 없기 때문에 오히려 유용합니다. 만일 몸 다른 부분의 재건 수술이 필요하다면 이 근육과 힘줄을 예비품처럼 보유하고 있다가 사용할 수 있는데, 이게 없어도 물건을 잡거나 움직이는 데에는 아무런 영향이 없기 때문이지요.

모든 의미를 잃어버리다.

2개 정도의 단어를 계속해서 크게 말해보세요. 가령 '스티브 몰드'처럼요. 계속 하다 보면 뭔 소린지 전혀 알아들을 수 없을 겁니다.

이를 우리는 '의미 과포화'라고 부르는데, 여러분이 어떤 단어를 들었을 때 뇌 안에 있는 특정한 패턴의 뉴런들이 작동하기 때문입니다. 이 뉴런들은 특정 단 어의 의미를 이해하게 만들죠. 아까 제가 시킨 대로 했다면, 스티브 몰드는 '잘 생기고 영리한 남자'라고 이해하듯이 말이죠. 우리 뇌에 계속 이런 일이 일어 나다 보면, 이렇게 반복해서 작동하던 뉴런들은 일시적으로 멈춰버립니다. 그 렇게 되면 그 단어에 대한 이해는 사라지고 그 의미를 잃어버리게 되는 겁니 다. 제 이름 대신 여러분의 이름을 반복해서 말해본다면, 훨씬 더 멋지겠죠?

굳어버린 손가락

하이파이브를 하듯이 두 손을 맞댄 후 양쪽 가운뎃손가락을 접으세요.

그 상태에서 엄지손가락을 떨어뜨려 보세요. 어렵지 않죠. 그다음엔 집게손가 락과 새끼손가락도 똑같이 해보세요. 아마 어렵지 않게 할 수 있을 겁니다(아 주 완벽하게 잘했어요! 스스로에게 하이파이브!)

그런데 넷째 손가락은 그렇게 못할 겁니다. 여러분의 손가락은 각각 다른 힘줄 이 잡고 있는데, 가운데와 넷째 손가락은 같은 힘줄로부터 연결되어 있어 따로 따로 잘 움직여지지 않습니다.

어떤 사람들은 네 번째 손가락을 반지를 끼는 손가락으로 하는 이유가 뗄 수 없는 결혼의 관계를 의미하기 때문이라고들 하지요. 사실 그렇지만도 않은데 왜 그렇게 말하는지 모르겠습니다. 제 말은, 그저 만들어 낸 말 같잖아요.

또 어떤 사람들은 넷째 손가락에는 심장으로 연결되는 정맥이 있기 때문이라 고 하기도 합니다. 다른 손가락들에 연결된 정맥은 똥구멍을 통하나 봐요... 그 것도 사실은 아닙니다.

또 다른 공을 느껴보세요.

1. 종이를 구겨 완두콩만한 사이즈의 공을 만드세요.
2. 만든 공을 손바닥 위에 올려놓으세요.
3. 다른 쪽 손의 검지와 중지를 엇갈리게 만드세요.
4. 엇갈린 손가락들을 가운데에 공이 오도록 위에 살짝 올려놓으세요.
5. 눈을 감고 손가락 사이로 공을 굴려보세요.

마치 손 위에 두 개의 작은 공이 있는 것처럼 느껴질 겁니다. 이를 '아리스토텔레스의 착각'이라고 합니다.

'손가락을 꼬면, 한 개의 물체가 두 개가 된 것처럼 느껴진다; 그러나 우리는 그것이 두 개라고 생각하지 않는다; 왜냐하면 시각이 촉각보다 월등하므로. 그러나 만일 촉각만 있다면, 하나의 물체를 둘이라고 단정 지을 것이다.'

– 아리스토텔레스 –

이 실험에서 여러분은 2가지의 감각을 사용합니다. 하나는 당연히 촉각인데 두 번째 감각은 분명하지 않아요. 만일 사람들에게 몇 개의 감각을 갖고 있냐고 물어본다면, 거의 모든 사람이 다섯 개라고 대답합니다. 하지만 그건 틀렸습니다. 과학자들은 인간에게 몇 개의 감각이 있는지 의견이 분분하지만 다섯 개 이상이라는 데는 동의합니다. 일반적으로 알려지지 않은 또 다른 감각은 자기 수용 감각이라는 것인데, 이는 몸의 각 부분이 어디에 있는지 아는 감각입니다.

그러나 자기 수용 감각은 썩 정확하지는 않으며 여러분이 신체 부위를 정상적인 위치에 놓지 않으면 제대로 작동하지 못합니다(농담하는 거 아니니 그냥 넘어가세요). 특히 술에 취하면 제 기능을 더 못 해요. 그래서 경찰들이 음주 검사를 할 때 머리를 뒤로 젖히고 눈을 감은 뒤에 손가락으로 코가 어디에 있는지 찾아보라고 하는 거지요. 술 취했을 때는 제대로 하기 어렵거든요.

다시 이 실험으로 돌아가서, 여러분의 뇌는 손가락이 꼬여있지 않고 가지런히 놓여있다고 가정합니다. 그래서 두 손가락의 바깥 부분을 동시에 자극하면 두 개의 공이 있다라고 느끼게 되는 거지요.

당신이 직접 세상에서
보고 싶은 과학이 되세요.

여러분이 밸브를 찾는다던가 공을 느끼는 것처럼 과학에 기여하도록 스티브가 격려하는 것에 대해 전적으로 찬성해요. 셀프 실험은 길고 고귀한 과학적 전통이지만, 좀 지나칠 때가 있답니다.

스위스 화학자인 알버트 호프만은 독버섯으로부터 LSD를 추출해 낸 최초의 과학자이자, 자전거를 타던 중에 LSD에 의한 환각 체험을 한 사람이지요. '환각 상태로 돌아다니지 마시오.'라는 말이 유행하지 않은 것이 놀랍네요.

그리고 마리와 피에르 퀴리 부부가 있지요. 그들은 새로 발견한 방사성 원소를 직접 몸에 묶어 화상이 생기는 것을 지켜봤어요... 마리의 요리책 몇 권은 아직도 방사능을 띠고 있어서 조심히 다뤄야 합니다.

그렇지만 제가 가장 좋아하는 교훈적인 스토리는 호주 출신 수련의 배리 마셜과 그의 병리학자 동료인 로빈 워렌에 대한 이야기입니다. 1980년대 초반에 그들은 위궤양이 스트레스, 잘못된 식습관, 알코올, 흡연 그리고 유전적 요인으로부터 발생한다는 일반적인 의학 지식에 동의하지 않았습니다. 그 대신에 마셜과 워렌은 헬리코박터 파일로리균이라는 특정 박테리아가 그 원인이라고 믿었죠. 만일 그들이 옳았다면, 많은 위궤양 환자들은 배를 가를 필요 없이 항생제만 먹으면 병을 고칠 수 있었을 겁니다.

배리가 아마 내기에서 졌었나봐요. 그는 임상시험을 하기도 전에, 그리고 이러한 시험을 언제나 신랄하게 꼬집는 윤리위원회를 설득하는 대신에 이 작은 벌레들을 엄청나게 집어삼켰습니다.

상상해보세요, 그의 가설이 맞아 떨어졌을 때의 환희를! 상상해보세요, 그의 위가 세균에 감염되어 위궤양의 초기 단계인 위염이 발생했을 때의 경악스러움을! 상상해보세요, 그의 불쌍한 아내와 가족들이 더 이상 그의 구토와 구취를 감당할 수 없을 지경에 이르렀을 때를...!!

마셜 박사는 그로부터 14일이나 지나서야 헬리코박터 파일로리균을 없애는 항생제를 섭취할 수 있었고, 20년 후인 2005년에 워렌과 함께 노벨 생리학·의학상을 받았습니다.

잠깐, 노벨상까지 받을 수 있는데 셀프 실험이 그렇게 나쁜 걸까요? 일단 해보는 수밖에 없겠지요... 그렇지만 미국 군의관 제시 러지어처럼은 하지 마세요. 그는 황열병이 모기를 통해 전염된다는 것을 증명하려다가 모기에 물려 죽고 말았습니다. 그를 죽음으로 몰고 간 모기는 심지어 그의 실험에 사용하던 것도 아니며, 그저 일반적인 종이었습니다. 다만 인간을 무는 즐거움과 극적인 아이러니를 즐겼을 뿐이죠.

위장의 성분들

제 실험의 영웅들이 가장 잘 알고 있는 사실은 여러분이 어디에 있건 무얼 하건 혼자가 아니라는 겁니다.

여러분 몸속에는 엄청난 양의 박테리아, 균, 고세균들이 행복하게 서식하고 있습니다. 그 수를 세어본다면, 인간 세포의 수보다도 더 많다는 것을 깨닫게 될 겁니다. 글쎄, 설마 정말로 세어보지는 않겠지요. 1초당 세포 하나씩 센다고 해도 최소 백만 년이 걸릴 테니까요.

그러니까 괜히 시간 낭비하지 말고 대신 여기에 집중해주세요. 여기 위장 시스템 안에 있는 37개의 작은 생명체들에 대한 헌정 시가 있으니 말이에요.

기분이 내키면 코미디언이자 하버드의 수학 교수인 톰 레러가 주기율표를 음악으로 만든 유명한 노래인 '더 엘러먼츠'처럼, 길버트와 설리번의 '모던 메이저-제너럴 송'의 멜로디에 맞춰서 불러도 좋습니다.

거기에는 펩토코커스(펩토구균)
연쇄상구균
피칼리박테리움

베요넬라
살모넬라균
그리고 푸소박테리움

플레시오모나스
슈도모나스균
또 유박테리움

프레보텔라
모르가넬라
그리고 마이코박테리움이 있지요.

그곳에는 클레프시엘라균
에이케넬라
그리고 플라보박테리움

유산균(락트산세균)
간균(바실루스)
프로피온산균(프로피오니박테리움)

시트로박터
팔련구균(사르시나)
포도상구균, 비브리오

엔테로박터
박테로이드
그리고 뷰티리비브리오

대장균
(대장균이 있네...)
그리고 코리네박테리움

헬리코박터
헤모필루스
비피더스균(비피도박테리움)

카프노사이토파가
루미노코쿠스도 잊지 말아요.

메타노브레비박터
그리고 아시드아미노코쿠스

정말 외롭다면, 몸안에 있는 모든 것들을 생각해봐요...
펩토스트렙토코쿠스, 프로테우스, 그리고 악커맨시아 등등

케이크 받침대 둥둥둥

여기 여러분 머릿속에서만 들을 수 있는 소리에 대한 실험이 있습니다.

시작하기 위해서는 우선 부엌으로 가서 케이크 받침대, 금속으로 된 그릴 또는 가벼운 금속 재질의 어느 것이던 간에 찾아보세요.

만일 케이크 받침대를 사용할 거라면, 케이크를 먼저 다른 곳으로 옮기는 것이 좋을 겁니다.

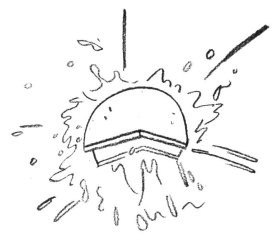

그림 1. 잘못된 방법

약 30cm 정도 되는 끈 2개를 준비하고, 각각 케이크 받침대 왼쪽 위 코너와 오른쪽 위 코너에 묶습니다. 어느 쪽에 어떤 끈을 묶을 것인지는 알아서 선택하세요. 제대로 하는 것이 매우 중요합니다.[H1]

케이크 받침대에 묶여있지 않은 두 끈의 끝에 고리를 만들어 손가락이 들어갈 수 있도록 한 후, 잡고 공중으로 들어 올립니다. 다음 페이지에 스티브가 시범을 보여주듯, 몸을 기울여 케이크 받침대가 아무것에도 닿지 않게 하세요.

[H1] 안 중요해요.

다음, 금속 재질의 스푼을 찾아서 케이크 받침대 사이를 덜그럭거리며 지나가게 해보세요. 친구에게 도와달라고 하는 게 좋겠네요. 혼자서 실험하는 것을 더 좋아한다면 테이블 가장자리에 튀어나와 있도록 스푼을 어딘가에 끼워두면 한결 쉬울 거예요. 준비할 때 요리책이나 와인병 같은 무거운 물건이 필요하겠네요. 무거운 와인병은 때때로 현실 친구의 좋은 대용품이지요.

어쨌든, 스푼을 케이크 받침대 사이로 덜그럭대보면 멋지고 기분 좋은 짤랑거리는 소리를 들을 수 있습니다.

만일 지금 집에서 이 실험을 하고 있다면, 크게 감명받지 못할 수도 있어요. 하지만 괜찮아요. 이건 진짜 실험이 아니니까요.

왜냐하면 여기가 재미있는 부분이거든요... 이제 케이크 받침대는 그대로 잡고 있는 상태에서 상체를 숙여 두 손가락을 조심해서 귓구멍에 집어넣으세요. 케이크 받침대에 아무것도 닿지 않도록 조심하세요. 마치 부엌 도구로 만든 네모난 청진기를 들고 있는 것처럼 보일 겁니다. 상상해보자면, 당신이 수련의 이고 이게 다음 국민 의료 보험 삭감 후에 겨우 사용할 수 있는 도구라고 여겨보세요. 아니면 여기 스티브가 시범을 보여주는 부분을 다시 보세요.

스푼을 다시 케이크 받침대 사이로 딜그럭거리면, 이번엔 완전히 다른 소리가 납니다. 바로 머릿속에서만 들을 수 있는 소리인 거죠. 그러니 지금 바로 부엌으로 가서 한번 실험해보세요. 여러분이 지금 기차에 있거나 아니면 목욕 중이어서 안 된다면 메리 베리(영국 음식 전문가이자 티비쇼 진행자) 대신 빅벤 소리가 난다고 밖에 설명할 수 없겠군요. 작은 짤랑거리는 소리 대신 크게 '둥' 하고 울리는 소리가 들릴 겁니다.

정신 못 차리겠죠?

여기에 바로 물리학과 생리학을 잇는 과학적 지식이 있습니다. 첫 번째와 두 번째 시도에서 케이크 받침대 자체는 변하지 않았죠. 똑같은 진동이 짤랑거리는 소리와 둥둥거리는 소리를 만들었어요. 그 차이는 소리가 여러분의 고막에 도달하는 방식에서 옵니다.

보통 우리는 공기를 통해 오는 소리를 듣습니다. 그런데 소리는 액체 혹은 더 좋게는 고체를 통해 더 빨리 전달되는데, 여러분의 머리는 그러기에 완벽하지요.[S1]

그럼 대체 **귓속**에서 무슨 일이 일어나고 있을까요?

알고 보니 공기는 음파가 통과하기에는 최악의 매체였던 겁니다. 여기 일반적인 귀 모양이 있네요.

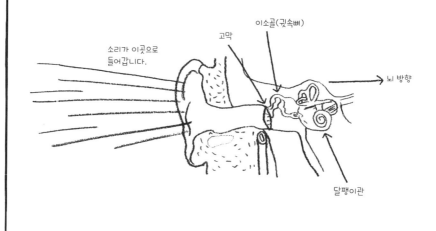

소리가 이곳으로 들어갑니다.

고막

이소골(귓속뼈)

뇌 방향

달팽이관

[S1] 지금 독자들이 돌머리라고 말하는 거예요? 좀 무례한데...

음파는 외이도를 지나며 공기 입자를 앞뒤로 흔들면서 일련의 떨림과 흔들림을 통해 소리를 전달합니다. 그런데 놀랍게도 외이도 자체에는 아무것도 닿지 않지요.

음파가 고막에 도달하는 순간 이소골, 즉 여러분의 몸에서 가장 작은 세 개의 뼈에 부딪힙니다. 그런 다음 나선형 달팽이관에 붙은 체액과 작은 털을 흔들어댑니다. 그러면 바로 그것이 소리를 청각 신경을 통해 뇌로 향하게 하는 전기 신호로 바꿉니다.

앞서 설명한 귀 내부의 모든 기관 중 가장 약한 연결 부분은 외이도입니다. 여러분이 손가락을 통해 케이크 받침대의 둥둥거리는 소리를 머리로 전달했을 때, 진동은 공기를 통해서만 전달되지 않습니다. 진동은 케이크 받침대에서부터 끈으로, 손가락으로, 그리고 귀 주위의 살과 뼈를 통해 전달됩니다. 본래의 진동은 거의 없어지지 않은 상태에서 귀 내부의 기관들로 바로 연결되어 작은 짤랑거리는 소리 대신에 커다란 둥둥 소리를 듣게 되는 것입니다.

머릿속에서만 들을 수 있는 소리는 그게 다가 아닙니다.

지금 귓속에 손가락을 넣어보세요. 끈과 케이크 받침대 없이도 이상한 소리가… 나지요? 혈액이 몸안에서 순환하며 전달하는 잔잔한 맥박 소리, 손가락이 귓털을 짓누르면 나는 바스락거리는 소리, 당신의 입과 코를 통하는 들숨날숨소리, 머리를 움직일 때 목뼈와 목 근육에서 나는 우지직거리는 소리, 손가락을 움직일 때 귀지가 쩍쩍 들러붙는 소리…

손가락을 빼면 이 모든 소리가 사라집니다. 휴, 다행이다! 이 많은 신체 기능들 때문에 깜짝 놀랐네요.

음, 사실 '사라진' 건 아니죠. 귀에서 손가락을 빼냈을 때 당신에게 뭔가 엄청난 일이 일어난 것이 아니라면 말이죠. 그저 바깥의 소리를 차단함으로써 이러한 몸의 소리에 더 집중하게 된 것뿐이랍니다. 동시에 귓구멍에 어떤 물체를 놓음으로써 몸 내부의 소리를 고막으로 '돌려보낸' 것이죠. 이를 폐쇄 효과라고 합니다.

저는 여기서 의문을 가졌습니다. 온몸에서 나는 이런 소리를 명확히 들을 수 있는데도, 우리가 꼭 귀 안에 손가락을 집어넣어 '둥' 하고 울리는 큰 소리를 들어야 할까요? 케이크 받침대의 진동 소리는 당신의 몸안에서 들려오는 소리는 아니죠. 아까 말했듯 귀에서 손가락을 빼냈을 때 당신에게 뭔가 엄청난 일이 일어난 것이 아니라면요.

정답은 '아니오'입니다.

제 말을 믿어도 돼요. 그런데 만일 이미 부엌을 뒤져서 케이크 받침대에든 뭐든 간에 끈을 묶어 실험할 준비를 했다면, 그냥 계속하세요.

다시 케이크 받침대를 손가락으로 들고. 그러나 이번엔 손가락을 귀 뒤쪽에, 턱 라인에, 뒷니 사이에, 관자놀이에 그리고 코에 이르기까지 대보세요... 손가락이 닿는 부위에 따라 진동이 머리와 청각 시스템에 전달됩니다.[H1]

방금 당신이 발견한 것은 골전도입니다. 부엌 도구의 진짜 소리를 듣는 것은 명백히 중요한 실용적인 사례 중 하나이지만, 또 다른 예를 들자면 두개골에 연결되는 보청기, 귓속 대신 귀 뒤에 놓고 사용하는 고급스러운 헤드폰, 그리고 스쿠버다이버들이 바다 아래에서 의사소통 시 사용하는 방수 스피커 등이 있어요.

너무 흔한 사례들이라고요? 걱정하지 마세요. 2013년도에 어떤 광고 회사에서는 골전도 방식으로 메시지를 전달하는 방법을 개발했는데 프랑스 기차 내부 유리창에 몸을 기대는 사람이 있을 때마다 창문에 광고를 틀도록 했지요.

졸면서 출퇴근하는 분들, 조심하세요! 머릿속에서 나는 소리조차도 나날이 발전하는 기술에서 더는 안전하지 않습니다. 당신은 언제든 이런 빌어먹을 광고 메시지를 피하고자 끈 달린 케이크 받침대를 준비해서 귓속에 집어넣고 이동할 수 있겠죠.

게다가 아무도 당신 옆자리에 앉고 싶어 하지 않을 테니 일석이조지요!

[H1] 방에서 들리는 다른 소리들을 차단하고 싶으면 인이어 헤드폰이나 귀마개를 사용해서 더욱 미묘한 둥둥 소리에 집중할 수 있습니다.

출산 파트너를 위한
괴짜의 가이드

제 아이가 태어났어요! 그 과정에서 정말 많은 것을 배웠죠. 아기를 갖게 되면 많은 관리가 필요하고, 그중 대부분은 낳기 전에 발생합니다. 신생아를 관리하는 건 만만하지 않으니 그나마 다행인 거죠. 그 관리 목록 중 하나는 출산 계획을 준비하는 것인데, 여기에는 아기를 낳을 때 누가 있을 것인지, 어떤 자세로 있을 것인지, 어떤 약을 선호하는지, 그리고 당연하게도 어떤 앱을 사용할 것인지에 대한 내용이 포함됩니다. 출산 파트너로서, 당신은 이러한 결정들을 해야 합니다.

앱

저와 아내는 임신 중에 여러 앱을 사용했는데, 출산 때에는 하나만 사용하기로 마음먹었습니다. 한 개의 앱에 전념한다는 것은 제가 다른 부분에, 예를 들어 쓸모 있는 상태가 되는 것에 집중할 수 있다는 걸 의미했지요. 제가 사용하기로 했던 앱은 아내의 진통 간격을 기록하는 추적기 앱이었습니다. 안드로이드 앱 스토어에서 심플해보이는 것을 선택했는데, 아마 아이폰에서도 찾을 수 있을 겁니다. 만일 윈도우 폰을 사용한다면, 매끄러운 알루미늄 베젤 부분을 사용해서 진통 시간을 돌에다 새기면 되겠네요.

어떻게 작동하나요?

사실 매우 간단한데, 진통이 시작되면 스크린에 있는 큰 버튼을 누르고 진통이 멈추면 다시 버튼을 누르면 됩니다.

그러면 앱에서는 각 진통 시간과 진통 사이의 간격을 알려줍니다. 초심자들에게는 이 2가지 정보가 꽤 유용할 겁니다. 영화 인디펜던스 데이에서 외계 우주선으로부터 신호를 받는 것과 같은 거죠. 시간이 흐를수록 신호는 점점 길어지고 주기는 짧아지며, 세계의 종말이 다가옴을 알려주죠. 정확히 하려면, 곧 엄마가 될 사람이 버튼을 누르는 것이 좋습니다. 비록 제 아내 리앤은 다른 일들로 너무 바빠서 '빌어먹을 멍청한 앱'에 할애할 시간이 없었지만 말이죠.

앱을 사용해야 하는 이유

이 숫자들은 리앤이 '얼마나 진행'되었는지 대략 알려주었지만, 병원으로 가기 전에 간호사와 먼저 확인하기로 했지요.

수중 분만

우리의 출산 계획에서 가장 비싼 지출은 출산을 더 손쉽게 하기 위해 수중 분만을 할 풀장을 준비하는 것이었습니다. 그리고 우리가 병원에 도착했을 때, 이미 다 준비되어 있었지만, 오직 한 가지 문제는 물이 채워져 있지 않았다는 겁니다. 리앤이 바로 뛰어들기를 간절히 원했기에 문제였지요.

그녀의 출산 파트너로서 저는 조산사들에게 물을 채워달라고 부탁해야 했고, 바로 여기서 앱이 제 역할을 해낼 수가 있었죠. 자, 어찌된 일인지 설명해볼게요...

풀장이 아직 비어있었던 이유는 조산사들은 리앤이 아직 출산하기에는 이르다고 생각했기 때문이었습니다. 그래서 저는 앱을 열어 리앤의 진통 간격과 길이를 보여주며, 그녀가 출산이 임박해 있다는 사실을 알려주었죠.

그런데 사실 – 아마 당신도 놀라실 겁니다! – 조산사들은 아기를 낳는 것에 대해 저보다 더 많이 알고 있었고 세세한 기준을 가지고 평가했습니다. 특히, 그들은 진통이 얼마나 예측 가능한지를 지켜보고 있었습니다. 달리 말해서 진통이 1분마다 정확히 오는지 아니면 다른 여러 개의 진통의 평균이 1분이라는 것인지를 다 보고 있었던 것이죠. 그들의 측정법으로는 리앤의 진통이 아직 예측 가능하지 않다는 것이었습니다.

저는 앱이 그런 데이터를 제공하는지 다시 살펴봤지요. 어쩌면 표준 편차 정보를 알려줄 수도 있지 않을까요? 안타깝게도 그런 기능은 없었습니다(이거 틈새시장 아닌가요?).[H1] 그런데 필사적으로 메뉴들을 스크롤하던 중에 한 가닥의 희망이 보였습니다... [내보내기] 버튼! 데이터를 엑셀로 다운받아 스스로 분석할 수가 있었던 것이죠. 다행이었습니다. 노트북을 가져오기 잘했죠!

리앤에게 이 사실을 알렸을 때, 그녀가 기뻐했던 건지 슬퍼했던 건지 잘 모르겠더군요.

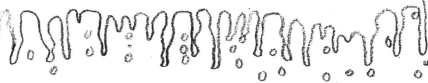

[H1] 당연히 틈새시장이지요. 프로그래밍 천재들, 분발하세요!

저는 얼른 엑셀 스프레드시트를 이용해 아래의 그래프를 만들어 조산사들에게 보여줬습니다(잘 모르겠지만 아마 제 인생의 바로 이 순간을 위해 준비해온 것만 같았죠).

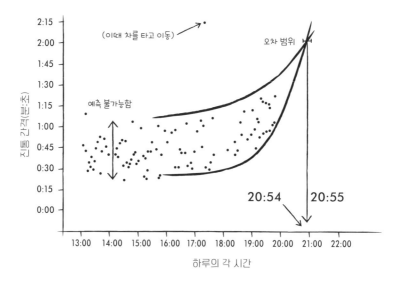

그래프에서 작은 점들은 진통을 나타내는 것이고, 선으로 그려진 부분은 몇 시에 (x축) 얼마나 길게 (y축) 각 진통이 있었는지를 나타낸 것입니다.

조산사들이 옳았어요! 진통은 예측이 잘 안 되더군요. 그렇지만 그래프를 보면 오른쪽으로 갈수록, 즉 시간이 지날수록 점들이 비슷한 곳에 뭉쳐져 있는 것처럼 진통이 점점 더 예측 가능하다는 것을 알 수 있어요. 저는 이를 설명하기 위해 여기에 커브를 그려놓았죠. 그런데 중요한 것은, 이 커브를 더 길게 그려보니 20시 55분에 선들이 겹치는 것을 확인할 수 있었죠! 이때가 바로 제 아내의 진통이 완벽하게 예측 가능한 시간이고, 제 의견으로는 바로 이때가 아기가 태어날 시점이라고 생각했습니다.

이러한 압도적인 증거에도 불구하고 조산사들은 여전히 의심스러워했지요. 그래서 저는 제 계산식을 보여줬습니다. 그때서야 풀장에 물을 채우기 시작했지요. 진통 앱, 고마워요!

실제로 제 딸은 20시 54분에 태어났습니다. 예측보다 1분 이른 시간이죠. 여러분이 상상하시다시피 저는 처음에는 매우 약이 올랐는데, 예상했던 오차 범위 안에서 있다는 사실을 알고는 기분이 풀렸습니다. 부성애와는 달리 말이죠.

그럼, 출산 시간을 예상하는데 조산사 팀보다 스프레드시트를 사용하는 괴짜가 더 나았던 걸까요? 제가 그저 운이 좋았던 것 같지만은 않아요. 더 많은 연구가 필요하겠네요.[S1]

우연의 일치?

저는 제가 이성적인 사람이라고 생각하고 싶습니다. 저는 제가 과학과 수학 분야에 있어 잘 알고 있다고 생각하고 싶어요. 또, 저는 2학년 물리 시간에서 배우듯이 무엇이 가능성이 크고 낮은지에 대한 직관적 감각인 확률에 대해 잘 이해하고 있다고 생각합니다. 그래서 리앤이 이 세상에서 가장 멋진 아이를 낳았다는 사실에 놀랐습니다! 이는 마치 천문학적으로 있을 수 없는 일인 동시에 명백한 진실이었죠.

이 분명한 수수께끼를 앞에 두고 오로지 이성적인 일을 했지요. 제 딸이 우주적으로 중요하다는 가정을 강화하기 위해 다른 우연의 일치들을 찾아보기 시작했습니다. 이건 모든 과학자가 하는 일이지요.[H1]

우리 딸의 이름은 리라인데, 필립 풀먼 소설의 캐릭터 이름을 따서 지었지만, 별자리 이름이기도 합니다. 맑은 밤하늘을 보면 리라(거문고자리)를 볼 수가 있는데, 리라가 태어난 시점에 거문고자리가 하늘 어디에 있었는지를 알 수 있는 멋진 방법을 생각해냈지요.

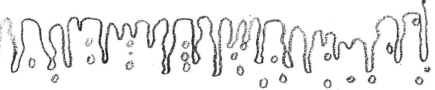

[S1] 아니요. 엄마, 손자가 더 늘어날 거라는 이야기가 아니에요.
[H1] 그건 과학자가 하는 일과 완전 상반되는 일이야.

천체의 위치를 정확히 집어내려면, 아래의 방법을 따라하세요. :

1. 천체의 적경과 적위 → 이것이 천체의 좌표입니다. 이것은 지구의 방향과는 무관하므로 항상 같은 곳에 있습니다.
2. 당신이 위치한 경도와 위도 → 이것은 *당신의* 좌표이며, 지구와 같이 움직입니다.
3. 정확한 날짜와 시간. 이것이 두 좌표를 연결해줍니다.

복잡한 계산이어서 몇 시간 동안... 대신 계산해 줄 웹사이트를 찾느라 노예처럼 일했습니다. 결국은 찾았지요.

그리고 놀랄 만한 것을 발견했습니다. 리라가 태어난 시점에, 거문고자리가 우리 머리 바로 위에 있었다는 사실을요!

충분히 이해되게 설명할게요.

제 딸이 태어난 정확한 시간에, 하늘 정중앙에 그녀와 같은 이름을 가진 별자리가 있었습니다.

만일 우리가 포르투갈 웨스트코스트로 향하는 보트에 있었다면 말이죠. 리앤이 포르투갈어를 할 수 있으니 더 놀랍죠!

이게 리라가 최고의 아기라는 증거가 아니라면, 또 뭐가 있죠?

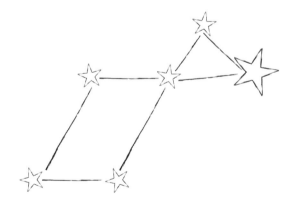

괴짜들도 합니다.

과학은 하루 종일 영감을 줍니다. 그리고 불이 꺼진 침실에서 괴짜 커플들이 그걸 할 때도 마찬가지이지요... 네, 피에르와 마리 퀴리 롤플레잉 말이죠!

저만 하나요? 알겠어요!

제 과학자 친구가 '오락적 생식 활동'이라고 부르는 것에 대해 말하고 있는 거예요.

아, 어렵게 말했나요... 제 말은 섹스! 섹스! 섹스 말이에요!!!

소리를 질러서 미안합니다. 난 그저... 여러분이 아는 '그거'를... 안전하고 편하고 객관적인 과학의 단어로 말하기가 어려워서요. 그래서 책에 이 파트가 있는 거예요. 저는 동물의 왕국에서 영감을 받아 침실에서 할 수 있는 실험 가이드를 만들어 내었는데, 많은 독자분들도 저처럼 영감을 얻어가시길 바라요. 그렇지만 책을 지금 당장 내려놓고 연인이나 남편 또는 아내와 침실로 향하지는 마시고요. 일단 이번 장을 다 읽을 때까지 기다리세요, 알겠죠?

그럼 준비되었으면, 데이비드 아텐버러(영국의 동물학자이자 영화감독) DVD를 준비하시고 연인과 함께 책의... 자연 과학 교육 과정을 즐기세요.[H1]

벌들처럼 사랑을 해요.

여름 소풍에 적합함

성관계 도중, 남성의 생식기는 폭발합니다. 우리는 다 알죠.
그렇죠 여성분들? 남성분들? 여러분들?
사실은 제가 묘사한 것처럼 진짜로
폭발하는 것은 아니지요.

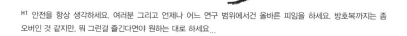

[H1] 안전을 항상 생각하세요. 여러분 그리고 언제나 어느 연구 범위에선 올바른 피임을 하세요. 방호복까지는 좀 오버인 것 같지만, 뭐 그런걸 즐긴다면야 원하는 대로 하세요...

수컷 꿀벌은 여왕벌을 임신시키기 위해서만 존재합니다. 다른 수벌들과의 고속 공중 키스—술래잡기에서 이긴 후에 공중에서 관계를 하지요.

그게 이미 까다로운 동작이라면, 일단 다음 부분을 조금만 더 읽어보세요...

수벌이 페니스로 여왕벌의 복부를 찌르는 순간, 수벌의 생식기는 폭발해버리고 이 불쌍한 수벌은 '쁘띠 모르(직역하면 작은 죽음. 오르가즘 중에 의식이 흐려지거나 사라지는 것을 의미함)' 대신 '큰 죽음'을 맞이하며 바닥으로 떨어집니다.

이게 당신의 소풍 점심시간을 망칠지도 모르지만, 이 카미카제(자살) 수벌들은 자신만의 이유가 있습니다. 수벌의 페니스가 몸에 남아있는 상태로 여왕벌은 다시 관계를 하기가 훨씬 어렵거든요. 그래서 이 수벌은 자기의 자손들을 여왕벌에 임신시키는 동시에 최후의 발악으로 콕블로킹(성관계를 방해하는 행동을 뜻함, 즉 교미를 더 이상 할 수 없게 만든다는 의미)을 하는 겁니다.

한편, 다른 수천 마리의 일벌들은 꿀로 집짓기에만 매진합니다. 번식하지 못하는 암컷들은 폭발하는 페니스에 대해 걱정할 필요가 없지요. 휴우!

사마귀들처럼 사랑을 해요.

값싼 데이트에 적합함

저녁 식사를 하기 위해 레스토랑으로 가지 말고, 저렴한 이 방법을 사용해보세요. 섹스하는 도중 여자가 남자의 머리를 물어뜯어 먹어 치우는 방법이요.

이건 단순히 변태적인 식인 행위를 말하는 것이 아니에요. 여자가 연인으로부터 최대의 것을 받아낼 수 있는 훌륭한 테크닉이죠. 남성의 성교행위와 관계 있는 신경은 그의 뇌가 아니라 배 부분에 있으니까요. 머리를 떼어내는 것은 그의 의무가 끝나 이제 잘 시간이라고 결정하는 기회를 없애버리는 것이겠지요.

그래요, 수컷 사마귀는 교미할 때 뇌가 필요하지 않지요. 만일 암컷이 교미할 수컷을 결정하면, 각설하고 머리를 잘라 내버리죠.

그리고 수컷의 몸은... 교미가 끝날 때까지 계속해서 움직이게 됩니다.

이제 근거 없는 얘기들을 바로잡을 시간이네요. 암컷 사마귀들은 종종 수컷 파트너를 사로잡아 처형하지만, 야생에서는 오직 30%의 커플들만 단두대에 오릅니다. 다른 커플들은 좀 더 상호 간 협력적이어서, 둘 다 살아남아 왓츠앱에서 친구들과 일어났던 일들에 대해 수다를 떨겠지요.

그래서 이 실험은 야외에서 하는 게 좋겠어요. '둘이 하나가 되는' 일이 많이 줄어들 테니까요.

고슴도치들처럼 사랑을 해요.

덜 모험적인 커플들에게 적합함

그럼 고슴도치들은 어떻게 교미를 할까요? 조심스럽게, 그리고 몰래 몰래요. 수컷 고슴도치는 암컷의 질 안을 정액으로 막아버리는데, 다른 경쟁자들이 교미하지 못하게 함이죠.

연어들처럼 사랑을 해요.

더운 날에 더위를 식히는 데에 적합함

수컷 연어처럼 사랑을 나누려면, 욕조에서 하면 되는데 제가 나중에 들러서 욕조를 회수해갈게요.

더 자연 친화적 버전으로 설명 듣기를 원하신다면 '욕조'를 민물 산란 장소로 대체하고, '섹스를 하는 것'을 자기 수용 인식과 예리한 후각을 사용해서 태어난 장소를 찾는 것으로 대체할게요. 그래요, 연어는 지구의 자기장과 강기슭에서 맡을 수 있는 특유의 냄새를 따라가며 자신이 출생했던 장소를 찾습니다.

곰에게 잡아 먹히거나 탈진해서 죽는 시련에서만 견뎌낼 수 있다면, 분명히 찾을 수 있을 거예요.

뉴멕시코 채찍꼬리 도마뱀들처럼 사랑을 해요.

'무성생식자'들이 '섹스'를 하기에 적합함

뉴멕시코 채찍꼬리 도마뱀은 성별이 암컷만 있는 몇 안 되는 종들 중 하나입니다. 수컷들은 멸종되었지요. 짝짓기할 이성들을 힘들게 찾아다니는 대신에 암컷들은 단성 생식을 합니다(다른 말로는 '처녀 생식'이라고 하죠). 무정란의 세포가 나뉘고 배아 상태로 자라면서 암컷의 DNA만 갖게 됩니다.

이 방법이 틴더(데이트 상대를 찾는 SNS형 앱)에 가입해서 맞는 상대를 매칭받는 것보다 간단해보인다면, 당장 실행해보고 싶어질지도 모르죠. 불행하게도 오로지 우리 여성만 복제해서 유전자 공급원의 수를 줄여버리는 건 우리가 알고 있는 인류의 삶을 끝내기에 환상적으로 효과적인 방법일 겁니다.

그런데 이 도마뱀들에게는 비밀병기가 있습니다. 일반적인 방식으로 번식하는 종들에 비해 두 배나 많은 염색체를 갖고 태어나는 거죠.

이렇듯 많은 염색체를 섞고 합치면서, 이 도마뱀 자녀들은 2마리의 다른 부모에게서 받는 것과 동일한 종류의 다양한 유전자를 갖고 태어납니다.

아직도 혼자 번식하는 이 방식이 마음에 드신다면 연휴에 도전해보세요.

아귀들처럼 사랑을 해요.

현재의 관계에서 다음 단계로 넘어가고 싶은 커플들에게 적합함

이번 것은 좀 복잡하지만, 틀림없이 해볼 만 합니다. 당신을 작은 수컷 아귀라고 치고, 매우 발달한 후각[H1]을 사용해서 며칠 동안이나 헤엄쳐 희미하게 썩은 고기 냄새가 나는 거인 사이즈의 암컷(바로 저)을 찾아다니는 겁니다. 듣기에도 굉장히 섹시하지요, 그렇죠?

그다음 저를 물어버립니다.

[H1] 사실 수컷 아귀는 모든 동물 중에 머리 대비 제일 큰 콧구멍을 가지고 있어요. 인상적이죠!

그러면 제 피부에서 효소가 나와 당신의 비늘과 살을 녹여버립니다. 그리고... 지느러미도요? 이게 지느러미 맞나요? 이 깊은 바다에서 희미한 불빛으로는 알 수가 없네요.

그렇게 다 녹아버린 후 오직 한 쌍의 생식기만이 제 몸에 붙어 남겨지게 되는데, 이건 제가 필요할 때 사용하게 됩니다. 물론 시간이 지날수록 다른 수컷들에게서도 이런 '사랑의 선물'을 받게 되는데, 때가 올 때까지는 마치 신발이나 냉장고에 붙이는 자석이나 포켓몬[H1]처럼 나만의 컬렉션을 만들게 됩니다.

그리고 만약 영하의 기온의 바다 제일 깊은 곳 가장 어두운 코너쯤에서 매우 나이든 암컷 아귀를 만난다면, 말 그대로 공에 둘러싸인 것처럼 보일 겁니다.

판다들처럼 사랑을 해요.

그~~~~~~~~~~~~리고 이게 이 파트의 마지막이군요.

꼭 그렇진 않아요. 판다들이 수줍어하고 어색해하는 연인들이라고 알려져 있지만 반드시 그렇지는 않아요. 야생에서는 꽤 즐거운 시간을 보내는 것 같더라고요. 문제는 그들이 콘크리트 벙커 안에 집어 넣어져서 동물원 방문객들에게 보여질 때 생기게 되죠.

그게 더 좋으세요? 굳이 왈가왈부하지 않겠습니다.
그저 저한테 입장료를 내고 보라고 하지만 마세요.

공공장소에서는 안해요...

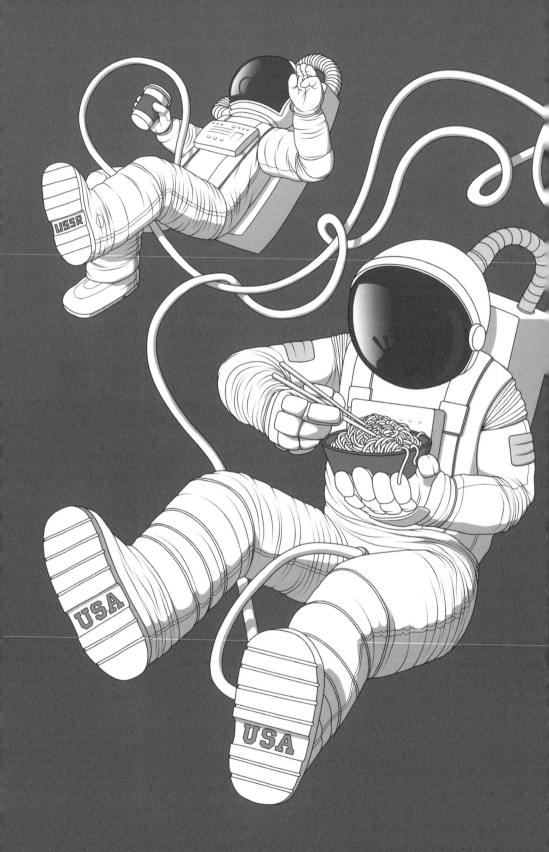

음식에 관한 모든 것

음식으로 장난치지 마세요!

닥쳐요, 난 이미 어른이니까 내가 하고 싶은 걸 할 거예요!

음식을 가지고 노는 것은 내면의 과학자를 끌어낼 수 있는 좋은 방법입니다. 멋진 도구를 사는데 돈을 쓸 필요 없이, 그냥 부엌 찬장을 열어보세요. 여기 우리가 가장 좋아하는 먹을 수 있는 실험 몇 가지를 준비했어요. 식사 시간에 활용할 수 있는 토막 과학 지식도 있답니다.

책을 읽으며 남아메리카, 알프스산맥, 그리고 국제우주정거장을 넘나드는 당신의 간편한 아침 음료에 대한 복잡한 비하인드 스토리를 발견해보세요.

그 밖에 당신이 커피나 차에 추가하는 우유에 대한 새로운 이론과 차를 다 마시고 난 후 빈 머그잔으로 할 수 있는 실험에 대해서도 알려줄게요.

그리고 만일 여러분이 민트향이 어디에서 왔는지(스포일러 주의 : 이건 진짜 민트가 아니에요) 궁금하거나 첫 데이트에서 괴짜의 마음을 사로잡는 방법을 알고 싶다면, 해답을 여기에서 찾을 수 있습니다.

시작하기 전에 우선 주전자에 물을 끓이고 인스턴트 커피 한잔 준비하세요...

당신의 커피 한 잔 파악하기

여러분이 저와 같은 생각이라면, 모닝커피의 맛이 어떤지 중요하다기보다는 그저 카페인 분자를 뇌의 아데노신수용체에 전달하는 가장 효율적인 방법에만 흥미가 있을 겁니다. 그리고 우리 같은 사람을 위한 것이 바로 인스턴트 커피 죠.[H1] 맛은 쓰레기 같아도 잠이 덜 깨서 눈치 못 채잖아요. 중요한 것은 간단하게 커피를 만들 수 있는 방법이라는 거고 엄밀히 따지면 커피라는 거죠.

커피 벤다이어그램

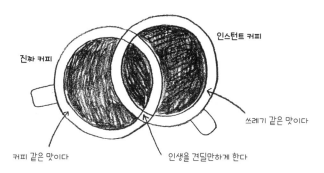

인스턴트 커피는 발명된 이후, 커피를 마시는 문화가 정착되지 않은 나라에서만 성공했습니다. 커피에 대한 지식이 높지 않았던 나라에서 인스턴트 커피는 크게 히트를 쳤고, 사람들은 열정적으로 들이켜댔죠. 기본적으로 이건 아마추어 전용 커피입니다. 커피 초보자들에게는 좋은 시작점인거죠. 영국사람들은 그런 꼬리표가 붙는 것에 개의치 않아요. 아시다시피 우리는 전통적으로 차 마시는 사람들이거든요.

H1 카페인이 여러분의 뇌에 어떤 효과를 주는지에 대한 실험은 챕터 5에 있습니다.

미국인들이 영국 커피가 아무리 맛없다 해도, 미국 차맛보다는 나을걸요.

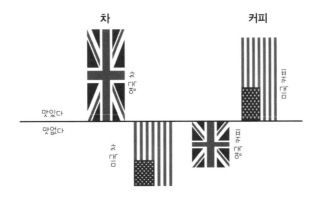

쓰레기이거나 진짜 쓰레기이거나, 당신이 선택하세요.

사실 인스턴트 커피에는 2가지 타입이 있습니다. 쓰레기이거나 진짜 쓰레기이거나. 가게에서 커피를 고를 때 2개의 차이점을 알면 유용하겠네요. 구분하기 위해서는 예리한 안목과 약간의 역사를 알기만 하면 됩니다.

인스턴트 커피 이야기는 브라질에서 시작합니다. 1920년대에 브라질은 세계 커피의 80% 정도를 생산하고 있었고, 중독성 강한 카페인 덕에 이는 최고의 사업이었죠. 커피는 세계에서 가장 널리 소모되는 향정신성 약물이에요. 아무리 힘들고 어려운 시기에도 사람들은 커피를 필요로 했어요. 사람들이 커피를 그만 사는 건 경제 상황이 엄청나게 나빠지지 않는 이상 불가능했는데 1929년에 그렇게 되어버렸죠. 검은 목요일은 역사상 최악의 금융 재난이었고, 이로 인해 브라질에는 커피콩이 수북이 쌓여 조금씩 상해가기 시작했습니다.

우려스러웠던 투자자들은 스위스의 다국적 식품 기업인 네슬레에 커피를 보존하는 방법을 발명해달라고 부탁했습니다. 그리고 가능하다면 향도 어느 정도 유지해달라고 요청했지요.

그들은 커피를 가열한 후 건조하는 방법을 고안했습니다. 그들이 이러한 기술을 완성하는 데는 대략 7년의 세월이 걸렸는데, 이 사이 브라질에서는 3~4번의 강제 정권교체가 일어났습니다.

옛날 방식대로 말려봐요.

그들이 발명해 낸 프로세스는 분무 건조법인데, 이것은 우리가 대부분의 물건을 건조할 때 사용하는 방법과 동일한 원리입니다. 바로 열을 가하는 것이지요.

무언가를 가열할 때, 우리는 그저 원자와 분자를 더 움직이게 하는 것뿐입니다. 분자를 움직이는 것, 그게 열이 하는 일이지요. 그리고 물 분자를 충분히 움직이게 했다면, 이 분자들은 가열하는 물체에서 빠져나와 증발합니다.

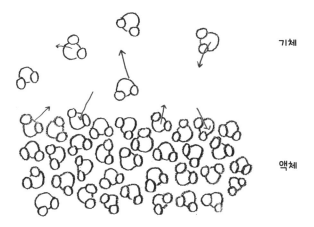

물 분자들은 표면에 가까이 있을 때만 이렇게 달아날 수 있습니다. 분무 건조법에는 이런 사실이 응용되었죠. 먼저 커피를 만들고 커피액을 뜨거운 상자 안에 스프레이를 사용해서 분무합니다. 스프레이는 미세입자를 만들어내어 더 많은 양의 물을 표면으로 노출시킵니다.

그러나 애석하게도, 이때 커피의 맛과 향을 결정하는 분자들도 증발해버립니다. "풍미야, 잘 가!" 그래서 진짜 쓰레기 같은 커피라는 겁니다. '인스턴트 커피 파우더'라고도 부르는데, 파우더는 작은 커피 똥으로 뭉쳐지기 때문에 이는 부적절한 명칭이에요.

단순히 쓰레기 같은 커피를 맛보고 싶다면, 2차 세계대전이 끝나고 동결 건조법이 발견되기를 기다리세요(오, 이미 그랬군요!). 이 기술은 믿을만한 저온수송법이 없을 때 혈청을 보관하는 방법이었습니다. 사람들은 혈액에 화학 성분이 있다고 하면 난리가 나기 때문에 혈청을 가열할 수는 없지요.

모든 걸 다 동결 건조합시다!

동결 건조법은 발견된 이후 다른 많은 것들에 실험되었고, 동결 건조한 커피는 분무 건조를 거친 것보다 훨씬 더 맛있다는 게 확인되었습니다.

동결 건조는 사실 무언가를 건조한다고 하기에는 이상한 방법이기는 하죠. 가열하는 대신에 차갑게 식히는 거니까요. 여기 어떻게 하는지에 대한 방법이 있습니다.

시럽 같은 농도의 엄청나게 진한 커피를 만듭니다. 컵에 얇은 막의 두께로 붓고는 약 섭씨 마이너스 40도로 얼리세요(화씨로는 뭘까요? 똑같이 마이너스 40도요!). 액체가 얼면, 납작하게 얼려진 커피를 밀폐된 상자에 넣고 공기를 모두 빼내어 진공 상태로 만드세요. 이게 중요한 부분입니다. 공기를 모두 빼냄으로써 상자 안의 압력을 낮추는 겁니다. 그리고 이렇게 낮은 압력 상태에서 물은 놀라운 일을 해냅니다. 고체를 곧바로 기체로 바꿔버리는 것이죠. 이것을 승화라고 부르는데, 이 현상이 일어나고 나면 상자에는 말라버린 커피 조각들만 남게 됩니다. 이렇게 액체로 변하는 단계를 건너뛰면 향 분자들이 달아나지 않고 커피 안에 남아있게 됩니다.

1단계 : 커피 안의 물이 얼 때까지 얼리세요.
2단계 : 압력을 낮추세요.
3단계 : 다시 가열하면 물이 고체 상태(얼음)에서 바로 기체로 변합니다.

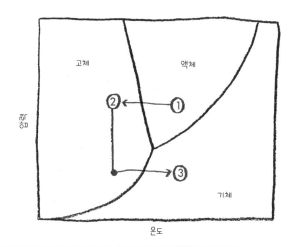

동결 건조에는 엄청나게 작은 부작용이 있습니다. 인스턴트 커피를 슈퍼 인스턴트 하게 하지요.[H1] 그 이유를 알기 위해서 건조 과일의 예를 들어볼게요. 라즈베리를 팬에 가열해서 말리는 것을 상상해보세요. 건조가 시작되기도 전에 흐물흐물해집니다. 무언가를 가열하게 되면, 내부에 품고 있던 물기가 끓어오르는 것인데, 이때 과일이 가진 구조적 무결성을 파괴해버리죠. 마지막에는 결국 형체 없는 단단한 과일 덩어리만 남게 됩니다.

그러나 라즈베리를 동결 건조하는 것은 완전히 다른 이야기입니다. 과일 안의 물 분자는 낮은 온도에서 기체의 형태로 빠져나가고, 라즈베리 모양은 온전히 유지됩니다. 시리얼에 가끔 이런 과일 조각들이 들어있지요. 이들은 가볍고 푹신푹신하며, 물이 있었던 부분 표면에 작은 구멍들이 나 있습니다. 이런 구멍들은 과일이 물을 쉽게 재흡수할 수 있게 하지요. 동결 건조한 커피도 마찬가지입니다. 커피 중 제일 인스턴트하게 되는 거죠!

동결 건조는 예상치 못한 곳에서도 일어나는데, 한 가지 예를 들면 냉동실에서 발견할 수 있어요. 냉동실 안은 정상 기압이 유지되기 때문에 얼린 음식들은 매우 천천히 말라갑니다. 이를 냉동 화상이라고 부르는데, 사실 이것은 동결 건조입니다. 여러분은 냉동실에 음식을 보관할 때 섭취하기 전 며칠까지만 보관 가능하다는 말을 어디에선가 읽었을 겁니다. 이는 위험해서가 아니라 단지 동결 건조된 닭고기는 맛이 없기 때문이지요.

게다가 그리 현대적인 발명도 아닙니다. 15세기 페루의 잉카인들은 곡식을 산 위로 날라서 동결 건조를 했습니다. 찬 공기와 낮은 압력이 곡식을 승화 상태로 만드는데 완벽했죠. 사실 여러분이 그런 곳에서 생을 마감한다면 몇천 년이고 몸을 썩지 않게 그대로 보존할 수 있는 좋은 기회가 있어요. 여기 있는 외츠 (Ötzi)처럼요.

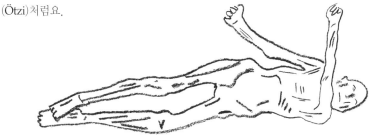

[H1] 엄밀히 말하면 '인스턴트'와 '슈퍼 인스턴트'에는 차이가 없어요. 어차피 둘 다 '인스턴트'이니까요. 그렇지만 스티브가 이만큼이나 커피를 마셨다니. 딴소리 안 하고 조용히 있을게요.

외츠는 5,300살 정도 되었는데 아직도 몸에 피부와 손톱이 붙어있어요. 알프스산맥에서 천연 미라 상태로 발견되었는데 아직 그보다 더 오래된 사례가 없었습니다.

우주비행사님들, 행복한 추쉬감사절 되세요!

동결 건조는 운송비를 절감하는 데에도 큰 효과가 있습니다. 사랑하는 사람에게 음식을 택배로 보낼 때, 받는 사람에게 물이 있다는 사실을 안다면 물 같은 것은 미리 빼고 보내는 것이 효율적이겠지요. 특히 국제우주정거장으로 물건을 보낸다면 더더욱 말이죠. 우주로 물건을 보낼 때는 일반적으로 1kg당 £4,000(약 600만원)에서 £20,000(약 3,000만원) 정도의 운송비가 듭니다. 작년 추수감사절 메뉴는 동결 건조한 껍질콩, 버섯, 그리고 콘브레드(후식용 옥수수빵)였지요.

우주비행사들은 그 답례로 그들의 동결 건조 감사를 보내왔어요.

그런데 우주비행사들은 음식에 넣을 물을 어디에서 구할까요? 글쎄요... 재활용을 하죠. 그래서 만일 여러분이 '우주비행사 아이스크림'을 과학 박물관에서 구입한다면 자신의 소변으로 다시 원상태로 복원시키지 않는 한 진정한 우주 체험을 했다고 말할 수 없을 겁니다.

다른 타입의 인스턴트 커피를 식별하는 방법 :

동결 건조
밝은 갈색을 띠고, 작은 칩들이 있다.

분무 건조
어두운 갈색을 띠고, 물퉁불퉁하게
뭉쳐있는 파우더 형태이다.

뮤지컬, 머그잔!

아까 그 말 때문에 따뜻한 인스턴트 음료를 마실 의욕을 잃었다 하더라도 걱정하지 마세요. 빈 머그잔과 스푼으로 실험할 수 있는 멋진 과학이 있으니까요. 이 실험은 마치 카페인 샷을 마신 것처럼 뇌를 조금 더 빨리 돌아가게 할 거에요(대신 오전 간식으로 비스킷은 없겠지만요).

모든 머그잔에는 물리학과 세라믹으로 된 악기가 숨겨져 있지요. 이건 사실 재료 과학에 더 가깝지만, 신경 쓰지 맙시다.

한 음절 삼바

스푼을 잡고 머그잔의 손잡이가 있는 부분 반대편의 테두리를 두드려보세요. 한 가지의 음이 들릴 겁니다. 좋은 도자기로 된 머그잔이 더 멋진 음을 내겠지만, 찬장에 있는 아무 머그잔이나 사용해도 충분합니다.

만일 당신이 지금 스타벅스에 앉아서 '왜 안 되지?' 하며 애꿎은 테이크아웃 종이컵만 뭉개고 있다면, 진정 효과를 주는 카모마일 차 한잔을 테이크아웃으로 주문하고 사무실에 도착해서 진짜 머그잔으로 다시 위의 실험을 시도해보기를 권장합니다. 어쩌면 일석이조로 아침 각성제 한잔을 덜 마시게 되는 효과도 있겠네요.

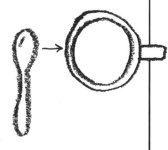

두 번째는 탱고

자, 어떤 방법으로든 한 음절을 만들었습니다. 우리는 모두 언젠가 와인 잔으로 짠하고, 건배해본 적이 있지요. 저보다 더 나은 삶의 선택을 했다면 샴페인 잔으로요. 한 가지 음절의 아름다운 소리를 들어보았을 겁니다. 하지만 '음을 내는' 도구라면 적어도 2개 이상의 음은 낼 수 있어야겠지요?

여기에서 과학을 찾을 수 있습니다. 처음 실험에서 1/8 정도 위치로 스푼을 옮겨서, 즉 손잡이에 45도 정도 더 가까운 머그잔 테두리 부분에 스푼을 갖다 대고 다시 두드려보세요.

이번에는 아까보다 더 높은 두 번째 음을 들을 수 있을 겁니다. 머그잔 이곳저곳을 두드려보면 반음 정도 차이 나는 2가지 음절이 들리는 위치를 찾아낼 수 있을 겁니다. 짜잔![S1]

이건 얼마나 오래됐게요?

여러분이 여기서 발견한 것은 약 삼천 년 전부터 내려온 중국의 악기 '종'에 적용되는 물리학과 같은 종류입니다. 어디를 때리느냐에 따라 종은 2개의 다른 음을 냅니다.

실제로, 여러 가지 다른 크기의 종이 한 세트로 이루어진 편종(음률이 다른 16개의 작은 종을 두 층으로 나란히 매달아 만든 옛날 타악기의 하나)은 하나의 오케스트라 전체 역할을 해내죠.

그래도 통상 2~200킬로가 되는 주물 청동 종으로 아침 음료를 마시기는 쉽지 않은 일일 테니, 다시 머그잔으로 돌아갑시다. [S2]

[S1] 악기라고요? 두음 밖에 못 내잖아요.

[S2] 말 나온 김에, 커피 체인점들은 돈으로 가치 있는 환상을 창출하기 위해 심장이 멈출 정도로 큰 커피잔을 표준 사이즈로 제공합니다. 그러니 벤티 사이즈는 종 한 개나 두 개 정도는 거뜬히 채울걸요.

한 번만 더 **라떼**려주세요.

처음 이 현상을 경험했을 때, 저는 친구인 콜린과 함께 이른 모닝커피를 즐기고 있었습니다. 그가 이걸 보여줬을 때 깜짝 놀랐습니다. 콜린이 아직 커피를 따르지도 않은 제 머그잔으로 시범을 보였기 때문이었는데, 그 전날 밤에 무리했었기에 인내의 한계점이 훨씬 낮아진 상태였거든요.

그래서 이게 어떻게 작용하는 거냐고요? 자, 고대 종의 곡선 형상과 둥그렇게 튀어나온 부분을 참고하면 여러분이 사용하는 평범한 머그잔과 같은 효과가 있다는 걸 알아챌 수 있을 것입니다.

간단히 말하면 콜린 같은 클래식 음악광들이 느끼기에, 바로크 음악과 비슷하다고 합니다. 헨델처럼 말이죠.

여기에서 2가지의 물리학 개념을 알 수 있습니다. 손잡이의 반대편을 쳤을 때, 여러분은 머그잔 구멍에 정상파라는 것을 만들어냈습니다. 머그잔 둘레에 '갇힌' 파동인 거죠. 이 파동이 바로 머그잔 둘레의 공기를 흔들어 여러분이 들을 수 있는 소리를 만들어내었고, 정상파의 주파수가 음을 따라 하게 한 겁니다.

그 밖에도 여러분이 이미 악기의 물리학에 대해 알고 있는 지식이 머그잔에도 적용됩니다. 예를 들어 진동이 생겼을 때 크고 무거운 물건들이 작고 가벼운 물건들보다 낮은음을 낸다는 사실을요.

하지만 이 점을 기억하세요. 머그잔과 같이 동그란 물체에 정상파를 만들 때, 모든 부분에서 다 진동이 생겨나는 것은 아닙니다. 정상파는 전혀 진동하지 않는 부분인 마디(node)와 진동이 크게 나타나는 배(antinode)를 만들어낸답니다. 어디에 마디와 배가 나타나는지는 여러분이 머그잔의 어떤 부분을 두드리느냐에 따라 다르죠.

머그잔의 손잡이가 있는 위치에서 반대편을 두드리면, 이 부분은 미친 듯이 진동하는 배가 존재하는 부분이므로 진동이 생기게 됩니다. 손잡이가 있는 부분은 더 무게가 나가므로 낮은음을 냅니다.

정확히 1/8만큼 떨어진 옆 부분을 두드리면 손잡이는 마디 상태에 있게 됩니다. 이제는 전혀 움직이지 않지요. 이건 마치 손잡이가 사라진 것 같은 효과를 내어 머그잔이 가벼운 것처럼 느껴져 높은음을 내게 됩니다.

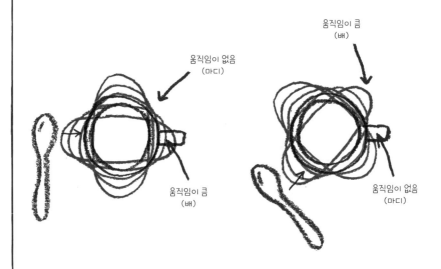

마디와 배의 패턴은 머그잔의 왼쪽 부분과 오른쪽 부분에서 각각 4개씩을 찾을 수 있습니다. 그 중간 어딘가를 두드리면 손잡이는 마디나 배, 그 어느 곳에도 해당하지 않음으로 여러 음이 뒤섞인 지저분한 소리가 들립니다.

이제 50페이지로 돌아가서 종 그림을 자세히 보세요. 종 표면에는 완벽한 대칭으로 되어있는 총 4개의 면이 있는데, 면 당 둥그렇게 튀어나온 작은 형상이 9개씩 배치되어있습니다. 이건 그냥 평범한 장식이 아니에요. 이는 마치 종의 어느 부분을 두드리는가에 따라 다른 음을 만들어내는 네 세트의 작은 손잡이와 같은 역할을 하지요.

만일 여러분이 2개의 음만으로는 곡을 연주할 수 없다고 생각한다면...[S1] 글쎄요, 할 수는 있어요. 제가 언제나 가장 좋아하는 곡을 연주할 수 있지요. 그건 바로 영화 죠스에 나오는 테마곡이에요.

멘톨

2%의 사람들은 독서 중에 껌을 씹는다고 합니다. 놀랍게도 제가 지금 방금 만들어 낸 통계예요. 그렇지만 그 말은 지금 책을 읽고 있는 여러분들 중에 껌을 씹고 있는 분도 있다는 걸 의미하지요. 만일 껌을 씹고 있다면, 아마 박하향일 거예요. 여러분은 방금 매우 상쾌한 맛의... 소나무를 맛봤네요.

진짜예요! 박하의 향은 대부분 연간 3만 톤가량 만들어지는 전 세계에서 가장 인기 있는 향기 분자인 멘톨이라고 불리는 분자에서 나옵니다. 이는 진짜 박하나무로부터 경제적으로 추출할 수 있는 것보다 훨씬 더 많은 양입니다. 실제로 전 세계의 멘톨 요구량을 충족시키려면 노퍽주(영국 잉글랜드 동부에 있는 주, 면적은 $5,372km^2$) 전체에 박하나무만 심어야 할 겁니다. 어떤 사람들은 그게 개선할 수 있는 방법이라고들 합니다. 그렇게 말하는 사람들은 서퍽주(영국 잉글랜드 동남쪽에 있는 주) 사람들이겠죠.

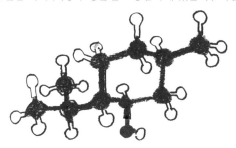

사실 대부분의 멘톨은 공장에서 합성화한 것인데 주원료는 테레빈유입니다. 테레빈유는 주로 여러분의 싱크대 아래에 십 년 정도 묵혀둔 병에서 찾을 수 있어요. 페인트 붓을 닦을 때 쓰거든요. 대부분은 절대안 닦죠. 그러니까 새 페인트 붓을 자꾸 사는 거예요. 정신 차려요. 아니면 말든가요. 사실 1L의 테레빈유만 있으면 200통의 치약을 만들 수 있는 충분한 양의 박하향을 얻을 수 있어요. 그럼 테레빈유는 어디에서 만들어질까요? 바로 소나무예요! 그러니 박하향의 상쾌한 숨결을 얻으려면 첫 번째로 나무를 쥐어 짜내야 해요.[S1]

[S1] 올바른 단어 선택이 아닐 수도 있습니다. 저는 농부가 아니니까요.

일반적으로 합성 멘톨은 천연의 것보다 하급으로 여겨졌는데 합성 과정에서 원하는 분자의 상호 대칭 구조의 분자가 동시에 만들어졌기 때문입니다.

이 상호 대칭 분자에서는 결정적으로 박하향이 나지 않습니다. 퀴퀴한 향에 더

가깝지요. 그리고 씹었을 때 입안에 시원한 느낌을 주지도 않습니다. 왜냐하면 이것들은 여러분의 냉각 수용기를 자극하지 못하니까요. 그렇지만 최근에는 부끄럽지 않게 원하는 멘톨 분자만을 충분히 만들어낼 수 있습니다.

합성을 통해 동일한 분자만을 만들어낼 수 있으니, 여러분의 상쾌한 숨이 유기농이 아니더라도 걱정하지 마세요. 여러분이 동종요법에 심취되어 동일한 분자들이 원래의 기억이나 마술 등등으로 인해 다르게 행동한다고 믿지 않는 한 동일한 분자들은 동일하게 행동하니까요. 마지막으로 합성 멘톨은 만드는데 저렴하고 탄소 배출량이 적으며, 더 환경친화적입니다.

퓨유. 진정하세요 여러분. 다만, 다른 츄잉 껌들은 어떨까요? 무엇으로 만들어졌을까요? 기분 나쁘게 들릴 수도 있겠지만, 원유로 만들어졌습니다. 대부분의 껌은 땅바닥에서 퍼올린 것들로 만들어졌지요. 껌은 원래 고무나무에서 추출한 고무로 만들어지곤 했어요. 그러나 박하처럼 고무에 대한 끝없는 욕망은 석유화학산업이라는 더 저렴한 공급원을 찾아내 버렸습니다.

나는 그걸 이용하겠어요.

폴리이소부틸렌은 최종생성물로 그 생산 과정에서 고무나무를 재배하고 가공하는 것보다 탄소가 더 많이 발생합니다. 하지만 더 나쁜 것은 점착성이죠. 껌을 청소하는 데에 많은 금액이 들어가므로 세계의 정부들은 츄잉 껌 세금을 매기려고도 하지요. 그 말은 들러붙지 않는 껌을 발명해내는 사람에게 포상을 할 수도 있다는 의미가 될 수도 있겠죠... 게다가 머지않은 시일 내에는 도서관에서 다 씹은 껌을 탁자 밑에 붙이지도 못할 거예요. 솔직히 말하면 도서관에서 껌을 씹는 것 자체가 잘못된 거죠. 인생을 한 번 되돌아보세요.

통조림 국수를 위한 시간이에요.

이 책을 읽으며 과연 여러분 인생에서 DIY 과학을 위한 시간을 낼 수가 있을지 궁금하시다면, 제 고백을 좀 들어보세요. 저는 잘못된 부엌 실험 덕분에 지금의 남편과 사랑에 빠져 결혼했답니다.

이 모든 것은 전혀 일면식도 없던 우리 둘이 에든버러 페스티벌 프린지에서 로빈 인스(영국 희극 배우)의 과학 코미디의 밤 행사에서 공연하며 시작되었죠. 우리 둘 모두는 우주에 대한 스탠드업 쇼를 진행하게 되었는데, 우리의 만남은 이미 별에 쓰여 있었던 거죠(운명이라는 의미).[H1] 유사 과학에 감사드립니다!

단순히 만나는 것과 사랑에 빠지는 것은 다른 얘기죠. 그 정확한 순간을 기억하는데, 이때야말로 진짜 과학에 감사했을 때였죠. 바로 여기에 국수가 관련되어 있습니다. 첫 데이트에서 식사를 하던 중이었는데, 단순히 음식에서 시작하여 실험이 현재까지도 진행하고 있게 되어버렸죠.

가정의 과학에서부터 가정의 행복에 이르기까지

당시에 제 미래의 남편(롭이라고 부릅시다. 왜냐하면 그게 그의 이름이니까요.)은 저에게 간판 메뉴인 닭볶음 요리를 만들어 주는데 열중하고 있었습니다. 롭은 스토브 앞에서 마치 노예처럼 열심히 메일라드 반응(갈변 현상, 환원당과 아미노 화합물(아미노산, 펩타이드 및 단백질)을 가열하였을 때 등에 보이는 갈색 물질을 만들어내는 반응)을 만들어내며,[S1] 단백질을 변성시키고[S2] 일산화이수소를 373°켈빈으로 올리고 있었습니다.[S3] 보통의 사람들이 하는 것처럼 말이죠. 그동안 저는 발효시킨 포도주스를 한 잔 마시고 있었어요.[S4]

[H1] 우리의 농담들도 대부분 별에 쓰여 있었습니다. 아니, 별에 대해서 말이죠. 천문학적인 범위에서 '~에'와 '~에 대해서'는 거의 같은 의미랍니다.

[S1] 해석해드릴게요. : 이 말은 양파를 볶아서 갈색으로 만든다는 의미입니다.

[S2] 닭을 볶는다는 의미죠.

[S3] 물을 끓인다는 겁니다.

[S4] 와인을 과학적인 측면에서 설명하는 것처럼 들리지만, 사실은 롭의 냉장고에 너무 오랫동안 보관되어 있어서 본의 아니게 발효가 시작되어버린 포도주스가 맞답니다.

롭은 그가 평소에 볶는 탄수화물, 즉 한 숟가락의 주황색 울금 가루로 색과 맛을 낼 안남미가 바닥났음을 알게 됐죠. 음!

우리는 바로 여기서 무언가 잘못되어가고 있다는 걸, 혹은 과학자의 측면에서 인생을 바라본다면 무언가 흥미로운 것이 시작되었다는 걸 알 수 있었습니다.

그래서 대신에 롭은 부엌 찬장을 깊이 뒤져서 국수 한 봉지를 찾아냈어요. '걱정하지 마.' 그는 생각했죠. '울금은 쌀을 멋진 노란색으로 만들 수 있으니, 국수로 대신하지 뭐. 무사히 저녁을 먹을 수 있어!'

몇 분 후에 우리의 저녁이 준비되었습니다.

여기서 제가 가장 좋아하는 작가 아이작 아시모프(미국의 SF 작가/생화학자/과학해설자)의 명언을 사용할 수 있겠네요.

'과학에서 새로운 발견을 예고하는 가장 흥미진진한 구절은 "유레카"가 아니라, "그것 참 이상하네..."이다.'

또는 우리 같은 경우, '유레카'가 아니라

'대체 이 국수에 무슨 말도 안 되는 일이 일어난 거야???!!!!'

왜냐면요, 독자 여러분들, 국수가 맛있어 보이는 노란색이 아니라 빨간 피 색깔로 변했거든요.

롭은 곧바로 다음의 3가지 일을 했습니다. 다만 그 어느 것도 조금 두려운 밝은 빨간 국수의 색에 영향을 주지 못했지만요.

1. 국수를 물에 씻는다.
2. 패닉 상태가 된다.
3. 끊임없이 사과를 한다.

나는 곧바로 다음의 3가지 일을 했습니다. 그 모든 것이 조금 두려운 밝은 빨간 국수의 색을 중화하는데 도움이 되었죠.

1. 국수를 카레 소스에 적신다. – 다시 국수가 노란색으로 변했어요.
2. 국수를 먹어 치운다. – 증거가 없어졌지요.
3. 발효된 포도주스를 마신다. – 악마처럼 끔찍한 국수에 대한 문제를 잠깐이나마 잊어버리게 했지요.

자, 그럼 어떤 사람들은 여기서 저녁 식사가 완전히 망쳐져 버렸다고 생각하겠죠.

저희는 아니었어요. 서로가 이미 부엌 화학에 대한 사랑을 공유하고, 마리/피에르 퀴리 부부의 롤플레잉을 즐기는 걸 아는 두 괴짜들은 서로의 눈을 깊이 쳐다보고 같은 생각을 하게 되었죠.

'저녁 식사는 이제... 과학 실험이야!'

무슨 일이 일어났던 건지 알아보기 위해 우리는 우리 모두가 학창 시절에 있었으면 했던 화학 선생님께 물어보기로 했죠. 바로 구글 말이에요.

저는 과학적인 것들을 구글링하는데 많은 시간을 소비했습니다. 웹 브라우저 기록을 살펴보면, 저의 가장 최근 3개의 구글 검색어는 아래와 같았어요.

1. 어린잎으로 하는 실험
2. 대충돌은 정말 외계인이 일으킨 것인가?
3. 짐 알–칼릴리(영국의 물리학자, 작가/저자, 방송인 그리고 인문주의자)[51]

---

[51] 롭의 가장 최근 구글 검색어 3개는 그와 인터넷 서비스 회사만 알아요.

알고 보니 울금에는 커큐민[H1]이라는 화학 성분이 들어있었고, 커큐민은 천연 pH 지시약이었던 겁니다. 높은 pH인 알칼리[H2]에 노출되면 선홍색으로 변하고, 낮은 pH인 산에 노출되면 밝은 노란색으로 변하는 거죠.

쌀은 pH가 6 정도여서 산성에 가까우므로, 울금을 넣으면 쌀이 노랗게 변하게 됩니다. 그러나 우리가 실험했던[S1] 국수는 전통적인 아시아계 조리법으로 만들어져 탄산칼륨과 같은 금속염을 포함하고 있었습니다. 그게 국수가 맛있는 이유이고, 또 pH가 중간 점인 7보다 높은 9에서 11 사이가 되는 겁니다. 그래서 울금을 넣었을 때 커큐민이 알칼리성 소금에 반응하여 선홍색으로 변하게 했던 거죠.

선홍색의 국수 한 가닥을 카레 소스에 담그면 노란색으로 변합니다. 확실히 카레 소스는 산성이죠. 이건 그냥 하는 말이 아닙니다. 이건 실험의 결과에요!

우리의 데이트는 다음 단계로 넘어갔지요. 국수를 끓는 울금 물과 카레 소스에 넣었다 뺐다를 반복했어요.[S2]

국수가 빨간색에서 노란색으로, 그리고 다시 빨갛게 변하는 것을 보면서 우리는 무언가를 깨달았지요. 우리가 방금 여기에서 우리의 커져가는 사랑과 음식 재료들로 만들어낸 것은...

홈메이드 리트머스 종이였던 거예요!

놀랍죠.

물론 분명히 흔치않은 '실험적인 연인들'로써, 우리는 찾을 수 있는 모든 가정 용품들로 실험해보는 것을 멈출 수 없었어요. 가령 라임주스, 베이킹파우더, 발효된 포도주스, 빨래 세제 등등으로요...

[H1] 화학자들에게는 디퍼로이메탄으로 더 잘 알려져 있죠. 혹은 유럽의 식품첨가물 관련 분야에서 일하는 친구들은 E100이라고 부릅니다.
[H2] 엄밀히 따지면 우리는 알칼리뿐만이 아니라 염기에 대해 이야기하는 거지만 어떨 땐 '이건 그 염기에 대한 전부는 아니에요'라고 하는 메간 트레이너에게 반박할 필요도 있어요(it's not all about that base, 메간 트레이너 노래의 All about that Bass에서 따온 말장난).
[S1] 보통 '요리를 하는'이라고 표현하겠죠.
[S2] 빗대어 하는 말이 아니에요.

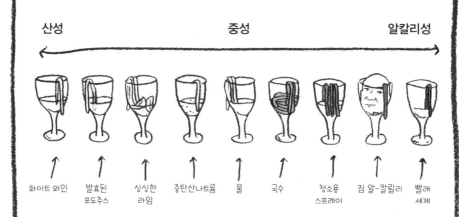

산성			중성					알칼리성
화이트 와인	발효된 포도주스	싱싱한 라임	중탄산나트륨	물	국수	청소용 스프레이	짐 알-칼릴리	빨래 세제

우리의 결과를 공개합니다... 테이블 위 아니면 어디에 보여주겠어요? 부엌 테이블이요.

보시다시피, 산성은 왼쪽, 알칼리성은 오른쪽, 그리고 마치 스위스처럼 중성은 가운데에 있습니다.[H1]

이렇게 우리는 실험을 마무리 지었습니다. 테스트를 통해 가설에서부터 결과에 이르기까지, 우리는 중요한 3가지 결론을 낼 수 있었습니다.

1. **우리는 여전히 배가 매우 고팠습니다.**
2. 발효된 포도주스는 더 남아있지 않았습니다.
3. 일상생활에 쓰이는 가정용품들의 pH 농도를 발견하면서 사랑에 빠지는 것은 쉬운 일입니다. 간단하게, **국수를 사용하세요.**

[H1] 실험에 사용한 물건 중 가장 산성이 높은 것 중 하나는 발효된 포도주스였어요. 우리가 코너샵에서 구입한 3.99 파운드(약 6천원)짜리 화이트 와인보다 산도가 약간 덜했죠. 그 와인은 나중에 욕실을 청소할 때 썼답니다.

찬장 음식 과학

여러분이 집 실험실에서 수행할 수 있는 우리가 가장 좋아하는 6가지 실험을 소개합니다. 집 실험실은 집에서 음식을 준비하는 장소를 말하는 겁니다. 왜요? 여러분은 뭐라고 부르는데요?

보이지 않는 담요로 촛불 끄기

1. 약 100ml의 식초를 물병에 따라놓으세요.
2. 1의 물병에 베이킹소다 1테이블스푼을 넣고 위에 접시를 올려놓으세요.
3. 양초 몇 개를 켜세요.
4. 물병 안의 거품이 사라지면 접시를 치우고 양초 위로 물병을 기울여 나오는 기체가 양초 위로 지나가게 하세요.

이게 괴짜가 촛불을 끄는 가장 로맨틱한 방법입니다.

촛불은 양초의 왁스를 증기가 될 때까지 가열함으로써 만들어집니다. 이 증기는 공기 중의 산소와 반응하는데, 이를 과학자들은 '연소'라고 부르죠. 불은 열을 만들어내면서 더 많은 왁스를 증발시키고, 이 과정이 계속해서 진행됩니다.

그러나 만일 왁스가 충분히 식을 때까지 공기 중의 산소를 제거할 수 있다면, 이 진행 사이클이 깨어지고 불꽃을 끌 수가 있게 됩니다. 바로 여러분이 물병으로 한 일이에요.

베이킹소다와 식초를 섞으면, 그 안에 중탄산나트륨과 아세트산의 반응이 일어납니다.

$$NaHCO_3 + CH_3COOH \rightarrow CH_3COONa + H_2O + CO_2$$

반응을 통해 초산나트륨, 물, 그리고 이산화탄소(거품)가 생성되죠. 이산화탄소는 공기보다 무거우므로, 가만히 놔두면 물병에 그대로 남아있습니다. 이때 이산화탄소를 양초 위에 '부으면' 산소를 대체하면서 불이 꺼지는 거죠.

불가능하니 스파게티

다음번에 저녁 식사에 손님을 초대하게 되면, 이 맛있는 소시
지 퍼즐을 내보세요. 여러분이 뜨거운 스토브 앞에서 열심히 스파게티
조각들을 하나하나 꿰맸다는 것을 믿게 할지 아니면 어떻게 했는지를 알아내
도록 테스트할지 선택하세요.

트릭은 간단합니다. 요리하기 전에 프랑크푸르트 소시지 사이로 스파게티 면
을 찔러넣으세요.

소스를 좀 추가하는 게 나을 수도 있겠네요. 전 요리사가 아니라서 어떤 게 좋
을지 잘 몰라요. 토마토소스가 좋다고 들었어요.[H1] 그리고 소금도요.

더 불가능한 바느질

이번엔 기타 줄을 얼음 사이로 꿰맬 겁니다. 뭐라고요?!

처음 할 일은 평소처럼 얼음을 얼리는 겁니다. 글쎄요, 딱히 평소처럼은 아니
고요. 타파웨어 용기 또는 오래된 테이크아웃 용기를 사용해서 큰 얼음 조각을
만드세요.

그다음 얼음 조각이 테이블 끝에 약간 걸치도록 올려놓으세요.

금속으로 된 기타 줄 또는 아무 금속철사 양쪽 끝에 덤벨(또는 웨이트 같은 다
른 무거운 어느 물건이어도 좋아요)을 연결
하세요.

철사를 얼음 위에 올려놓아 덤벨이 그림처럼
매달려있게 하세요.

[H1] 전 울금을 추천합니다.

추운 날씨에 바깥에서 하면 제일 좋습니다.

몇 시간이 지나는 동안 철사가 얼음 사이로 들어갑니다. 기이하게도, 얼음이 잘리지는 않아요! 그러니 반 정도 철사가 얼음 사이로 들어가면 얼음 조각을 들고 친구에게 보여주고 철사가 들어가 있는 얼음을 어떻게 만들 수 있는지 문제를 낼 수 있습니다.

철사는 얼음을 녹이기 때문에 얼음 속으로 움직어 들어갈 수가 있습니다.

다음의 2가지 이유로 가능한 거지요.

주된 방법은 열전도율을 통한 방법입니다. 얼음 바깥쪽에 남아있는 철사는 안에 있는 부분보다 높은 온도에 있으므로 열이 철사를 따라 얼음 안으로 통하게 됩니다.

철사가 얼음 사이로 들어가면, 녹은 얼음(과학자들은 물이라고 부르죠)의 윗부분은 얼음 주위에 열을 방출하면서 다시 얼어버립니다. 흥미롭게도, 물은 얼면서 주변에 열을 방출합니다. 이를 융해열이라고 하는데, 철사는 좋은 열전도체이므로 철사 아래에 있는 얼음에 열을 전달하며 융해 과정을 더 빨리 진행시킵니다.

두 번째는 이 실험에서는 눈에 덜 뚜렷한 현상인데, 복빙이라고 합니다. 물은 압력이 더해질수록 특이하게도 녹는점이 높아집니다. 얼음은 물보다 밀도가 낮다는 것과 상통하는데, 그 말은 여러분의 얼음 벽돌을 아래로 누르고 있는 철사가 사실상 얼음의 녹는점을 올리고 있다는 것을 의미합니다. 복빙의 예는 빙하 바닥의 물웅덩이에서도 찾아볼 수 있습니다. 이 물은 말 그대로 얼음산에서 쥐어 짜내진 것이죠.

아침 식사 실험의 트리오

이게 버터라니, 믿기지 않아요.

여러분은 활동적이지 않은 것이 건강에 해롭다는 뉴스를 접한 적이 있을 겁니다. 여기 맛있는 음식과 격렬한 운동이 합쳐진 실험을 소개해드릴게요. 크림한 병으로 버터를 만들 겁니다.

튼튼한 병 하나를 준비하세요. 뚜껑이 있는 것이 좋을 거예요, 안 그러면 모든게 지저분해질 테니까요. 지방을 제거하지 않은 휘핑크림으로 병의 반 정도를 채우세요. 지방함유량이 많을수록 좋아요! 100mL의 크림당 약 40g의 지방이 있는지 확인하세요. 왜냐하면 여기에 과학이 숨어있으니까요.

크림은 기본적으로 지방 입자들과 우유로 이루어져 있어요. 그러나 소금이나 설탕과는 다르게 물을 싫어하는 작은 지방 덩어리들은 물기가 많은 우유에 잘 녹지 않아요.

이 지방 덩어리들은 서로 달라붙어 있는 것도 싫어하지요.

대신에 그 덩어리들은 여기저기 돌아다니며 콜로이드라고 불리는 상태로 떠다닙니다. 버터를 만드는 것에 대한 트릭은 바로 이 지방 덩어리들을 한데 뭉치는데에 있죠. 일반적으로 천천히 크림을 휘젓는 방법이 있는데, 이렇게 하면 약 30분 정도 걸립니다. 지루하네요! 가장 초기의 버터 조리법 중 하나는 동물의 가죽으로 만든 주머니에 크림을 넣고 이를 기둥에 건 후 버터가 될 때까지 앞뒤로 돌리는 것입니다. 더 재밌어 보이죠? 근데 누가 그럴 시간이 있겠어요?

바로 시작하죠.

그러니 뚜껑을 꽉 닫고 병을 가능한 세게 그리고 빠르게 흔들어주세요.[H1] 출렁거리는 액체 소리가 곧 멈출테지만 새로운 더 물기가 있는 출렁거리는 소리가 다시 들릴 때까지 계속 흔드세요.[H2]

[H1] 꿀팁 : 시작하기 전에 크림을 냉장고에서 꺼낸 상태로 두세요. 크림의 온도가 상온에 가까울수록 더 빨리 분리되거든요.

[H2] 여기서 멈추면 버터를 얻는 게 아니라 크림 안의 지방 분자들이 부서지기 시작합니다. 사이사이에 작은 기포가 형성되어 큰 휘핑크림 한 병이 완성될 겁니다. 맛있겠네요!

지금 멈추지 마세요.[H1] 거의 다 왔어요! 계속하세요!

병 내부의 물기 있는 버터밀크 사이로 기름진 버터 덩어리가 보일 때까지 계속해서 흔들어주세요.[H2] 그 덩어리를 끄집어내어 얼음같이 차가운 물에 씻어낸 후 남아있는 물기를 꽉 짜내고 자리에 앉아서 손수 짜낸 버터를 빵에다 발라 맛있게 드세요.

칼로리 섭취량과 운동량을 비교했을 때, 제가 봤을 땐 쌤쌤이라고 생각해요.

아침 식사 시리얼 안의 성분

여기 아침 식사로 시리얼 먹는 것을 좋아하는 분들에게 아침 식사를 광란의 식사로 만들 실험이 있습니다. 불행하게도 시리얼은 먹을 수 없는 상태가 되겠지만, 그래도 여러분한텐 과학이 남잖아요. 이 실험에는 굉장히 강력한 자석이 필요합니다. 여러분 냉장고에 붙어있는 것보다 훨씬 더 강한 것 말이에요. 네오디뮴으로 된 것을 찾으려면, 인터넷을 뒤져보세요. 초강력 자석을 다루는 방법에 대한 안전 경고문을 읽어보는 걸 잊지 마시고요.

잘못 취급하게 되면 베임 또는 소혈종이 생길 수 있고, 혹은 여러분이 아이언맨이거나 심박조절기(페이스메이커)를 사용하는 상태라면 죽음에 이를 수도 있습니다.

아무도 아침 식사 시간에 그런 일이 일어나기를 바라지는 않겠지요.

'비타민과 철분 함유'라고 적힌 시리얼을 그릇에 붓고, 우유 대신 물을 많이 넣습니다. 그리고 이걸 믹서기에 넣고 돌려서 맛있는 시리얼 반죽으로 만드세요. 엄밀히 따지면 이 상태도 먹을 수는 있겠지만, 권장하는 섭취 방법은 아니에요.

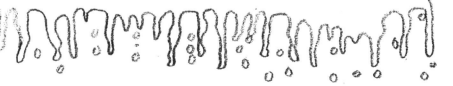

[H1] 여기서 멈추면 아직 버터 단계까지는 아니지만, 지방 분자들을 더 많이 부순 상태가 됩니다. 아름답게 만들어진 휘핑크림에 갇혀있는 공기는 밖으로 빠져나가기 시작하여 작은 노란색의 지방 덩어리들이 물 같은 혼합물에 둥둥 떠다니게 됩니다. 그닥 맛있어 보이지 않지요.
[H2] 좋은 팬케이크를 만들 수 있으니 이 버터밀크 상태로 두세요. 손수 만든 신선한 버터와 찰떡궁합이 될 거예요.

여러분의 액체 시리얼을 비금속 재질의 그릇에 부어 넣고 몇 분 동안 그대로 두세요... 그다음 자석을 집어넣고 몇 분 더 천천히 저어보세요.[H1]

자석을 빼내면, 아주 작은 분말 같은 철심들이 붙어있는 것을 볼 수 있습니다.

넵, 철심이요. 시리얼에 항상 있었답니다! 그래도 만지지는 마세요. 철심은 피부를 자극하고 눈에 들어가면 심각한 손상을 일으킬 수 있거든요. 그리고 절대로 먹지 마세요. 맛있어 보이는 시리얼에서 그걸 추출해냈으니까요.

'철분으로 강화된'이라고 광고해왔던 게 여러분이 생각했던 것보다 더 문자 그대로의 말이었군요. 시리얼 회사들은 시리얼을 만들 때 식용 철분 분말을 첨가하는데, 이는 위산과 반응하여 창자를 따라 지나가며 여러분이 필요로 하는 만큼의 철분을 섭취할 수 있게 합니다. 우리의 몸은 손톱 2개만큼의 철분을 포함하고 있으므로, 듣기에는 이상해보일지 모르지만 아침 식사에 숨겨져 있는 먹을 수 있는 철심이 빈혈을 갖고 있는 것보다는 더 낫겠지요.

자, 내가 버터밀크를 어디에 뒀더라? 버터밀크 팬케이크로 이 상황을 좀 극복해야겠어요...

팬케이크 프라이팬 호버크래프트

맛있는 버터밀크 팬케이크를 잽싸게 만들어내는 동안, 작은 호버크래프트(아래로 분출하는 압축 공기를 이용하여 수면이나 지면 바로 위를 나는 탈것)를 만드는 실험을 해보아요.

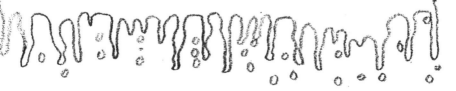

[H1] 혼합물에 넣기 전에 초강력 자석을 투명한 비닐봉지 안에 넣고 실험하는 것이 좋을 거예요. 안 그러면 자석에서 철심 파우더가 떨어지지 않을 테니까요. 절 믿어요.[H2]

[H2] 또한 이렇게 하면 철심을 더 잘 볼 수가 있지요. 플라스틱 봉지를 자석에서 떼면 파우더가 봉지 바깥쪽에 이리저리 돌아다니는 것을 자세히 볼 수 있어요.[H3]

[H3] 이건 관계없는 얘기이긴 한데, 만일 작은 철 조각들로 뒤덮인 네오디뮴 자석이 필요하신 분은 연락주세요.

평소 팬케이크를 맛있게 구워내는 프라이팬을 중간불 정도로 달궈놓으세요. 물 몇 방울을 떨어뜨렸을 때 팬의 온도가 100℃ 미만이면 물이 퍼지면서 끓어오릅니다. 100℃보다 높으면 물은 거의 즉시 증발해버리겠죠. 여러분이 예상했듯이 말이에요. 여기까지는 그다지 과학적으로 들리지 않지요.

이제 온도를 확 높여서 음식을 볶는 온도인 약 190℃가 되게 하세요. 그런데 온도를 잴 수 있는 산업용 기구 같은 것 없이 팬의 온도가 190℃라는 걸 어떻게 알 수 있을까요?

간단합니다. 만일 이 실험이 성공한다면, 여러분의 팬은 그 정도의 온도일 거예요. 그리고 만일 여러분의 팬이 그 정도 온도이면, 실험이 성공한 거죠. 이걸 '메타물리학'이라고 할게요.[H1]

그러니 물기 없는 팬과 깨끗한 물을 준비하세요. 이번에 팬에 물을 떨어뜨려보면 물방울이 사라지기 전에 몇 초간 춤추듯 튀어 오를 겁니다.

축하합니다! 방금 여러분은 라이덴프로스트 효과를 실행했어요! 18세기에 이 현상을 제일 먼저 설명한 독일 의사의 이름을 따서 왔지요. 간단하게 말하면, 여러분은 팬케이크 팬에 작은 물방울 호버크래프트들을 만들어낸 겁니다. 팬 표면의 온도가 물의 끓는점보다 훠얼~씬 높기 때문에 물방울이 바로 끓어서 증발하지 않고 물방울과 팬 사이에 아주 얇은 수증기층을 만들어냅니다. 이러한 스팀 쿠션은 끓어오르지 않은 물이 '호버'하듯 둥둥 뜨도록 하고, 물방울이 바로 끓어 없어지지 않게 하는 효과를 내는 거지요.

팬케이크 반죽을 팬에 붓기 전에 적정한 온도로 낮추는 것이 좋을 거예요. 여러분의 호버-팬케이크가 다 새까맣게 타버리기 전에요.

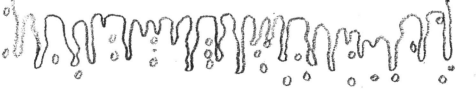

[H1] 어쨌든 전문 셰프들은 이렇게 알아낸답니다.

나 자신은 환영합니다.
우리의 소 통치자들을요!

적자생존의 싸움에서, 생존하기 위한 많은 방법이 있습니다. 확실한 방법은 행동이 빠르거나 힘을 가지고 있는 것이지요. 그러나 노동 인력을 고취시키는 방법을 아는 것처럼 눈에 띄지 않는 방법도 있습니다.

예를 들어 진딧물처럼요. 그들은 자신을 보호하기 위한 보디가드를 영입해야하니 직업 만족도에 대한 내용을 몇 가지 알고 있어야 겠죠. 진딧물들은 식물에서 달콤한 수액을 뽑아내는데 탁월한 능력을 갖추고 있으나 매우 느리고 취약합니다. 그래서 많은 종의 진딧물들이 개미들의 도움을 얻지요. 진딧물들이 당분을 주는 대신 개미들은 포식자들과 기생충들로부터 그들을 보호합니다. 개미들은 크고 힘이 세지만, 당분을 뽑아내는 건 잘하지 못하므로 개미들에게도 이득인 거죠.

잠시만요... 진딧물들이 개미들을 보디가드로 사용하는 건가요, 아니면 개미들이 진딧물들을 농작물처럼 사육하는 건가요? 글쎄요, 둘 다 아닙니다. 어떤 관점에서 생각하느냐에 따라 다르겠죠. 과학자들이 관찰한 것 중에는 수액이 점차 말라가면 개미들이 진딧물들을 새로운 식물들로 옮기는 것과 하나의 개미 왕국이 커다란 진딧물 사육장을 유지할 수 있다는 것이 있습니다.

어떤 진딧물들은 심지어 스스로 당분을 뱉어내는 능력을 잃어버려서 개미들이 배를 찔러서 당분을 뱉어낼 수 있게 도와줘야만 했습니다. 그러니 우리는 개미들이 최고의 당분 생산자들을 보호하기 위해서만 진딧물들을 선택하여 사육해 온 것이라고 주장할 수 있겠네요. 아니면 진딧물들이 최고의 보호자이자 농장 주들에게만 당분을 제공하고 있으니 개미들을 선택적으로 사육하고 있다고 주장할 수도 있지요.

이러한 양립되는 이야기는 자연계에서 계속해서 알려져 왔습니다. 제가 가장 좋아하는 예시는 인간과 젖소에 대한 이야기이죠. 이건 확실히 우리가 주도하는 관계죠.

우리는 젖소들을 선택하여 우수한 우유 생산자들이 되도록 사육하지요. 하지만 이것은 젖소들에게도 이득입니다(또는 최소한 젖소 유전자에 이득이겠죠). 전 세계의 젖소 개체 수는 어마어마한데, 우리가 원하는 것을 만들어내기 때문이지요. 다른 동물이 당신을 사육하게 만들다니, 차세대 유전자를 확보하는 이 얼마나 기발한 방법 아닙니까!

시작하기 이전에, 인간은 젖소들에 적합한 경작자들은 아니었습니다. 인간은 우유에 들어 있는 주된 당분인 유당을 잘 소화할 수 있도록 하는 락타아제(유당 분해 효소)라는 효소를 만들어냅니다. 그러나 과거에 모유를 먹던 유아기에만 락타아제를 스스로 생산할 수 있었고, 젖을 뗀 후에는 이러한 능력을 잃어버립니다. 그러니 젖소의 우유가 썩 매력적인 제품이 아니었던 거죠. 다행히도 어떤 사람들은 특수한 유전 돌연변이를 갖고 있어서 어른이 되어서도 락타아제를 계속해서 생산하였고, 젖소들은 우유를 통해 많은 에너지를 공급함으로써 이러한 사람들이 락타아제를 더 잘 생산할 수 있도록 했습니다. 이 돌연변이 인간들은 다음 세대에 그 유전자를 전달하였고, 이로 인해 돌연변이가 점차 늘어갔지요.

락토스 불내증, 혹은 더 정확하게는 락타아제 지속성은 다수의 유럽인과 모든 아일랜드 태생인들에게서 찾을 수 있습니다. 맞습니다, 젖소들은 내내 인간들을 선택하여 사육해왔던 것이죠. 그러니 다음번에 냉장고에서 우유병을 잡을 때, 누가 관계를 주도하는지 기억해두세요.

뇌에 관한 모든 것

우리가 신경과학이나 심리학에서 배운 게 있다면, 사람들은 우리가 생각하는 것처럼 생각하지 않는다는 것을 알 수 있습니다. 그리고 생각만큼 분별력 있게 생각하지도 않는다는 사실을 알 수 있습니다.

이 챕터에서 우리는 여러분의 감각을 어떻게 각자에 맞게 맞추는지와 여러분의 가면 증후군(자신의 성공이 노력이 아니라 순전히 운으로 얻어졌다 생각하고 지금껏 주변 사람들을 속여왔다고 생각하면서 불안해하는 심리)을 더닝 크루거 효과(어떤 분야에 대한 지식이 얕을수록 많이 알고 있는 것 같다고 느끼는 경향)와 구분해내는 등 뇌에 대해 잘못 알려진 상식들을 바로잡을 것입니다. 전반적으로 이는 자아발견을 위한 여행이 될 것이며, 자신의 성격을 가장 정확하게 확인할 수 있는 성격 테스트를 발견하게 되면 쉬울 겁니다.

그렇지만 먼저 눈과 선택적 착시현상을 통해 뇌 깊은 곳에서 무슨 일이 일어나고 있는지 파헤쳐보죠.

눈 속임

저는 우표 대신 착시현상을 나타내는 물건들을 수집하는데, 책상 위에 놓인 폴더 안이 아니라 제 컴퓨터의 데스크톱 폴더 안에만 모을 뿐입니다. 물론 저는 클래식한 것을 사랑하는데, 예를 들어 실제로는 같은 사이즈인 2개의 테이블이라든지, 아니면 오리이면서 토끼인 것이라든지, 또 아니면 사실은 서로 마주보고 있는 쌍둥이지만 꽃병이기도 하다든지 하는 것들 말이에요.

이 두 테이블 윗면은 완전히 똑같은 모양이자 사이즈입니다.

오리인가요? 토끼인가요?

꽃병인가요? 쌍둥이인가요?

하지만 제가 이 책에서 여러분께 보여 주고 싶은 건 제가 가장 좋아하는 희귀한 것들이에요. 이것부터 시작해볼까요...

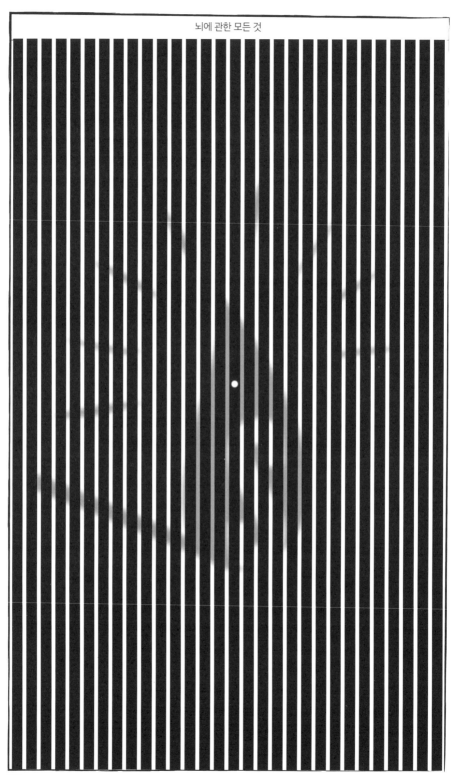

흔들리는 머리 착시

그림의 한가운데 있는 점에 초점을 맞춰 바라보면, 검은색 막대기들만 보일 겁니다. 하지만 머리를 좌우로 흔든 후에 다시 그림을 보면 막대기들 사이로 숨겨진 그림을 볼 수 있을 겁니다. 다른 사람들이 봤을 때 여러분이 우리 책을 싫어한다고 생각할 수도 있으니 공공장소에서는 하지 마세요.

이런 효과는 시각계의 두 종류의 신경 세포들로 인해 나타납니다. 이들은 바로 P 신경절 세포(P-셀)와 M 신경절 세포(M-셀)입니다. P-셀은 높은 공간 해상도를 갖고 있어서 검은색 막대기들의 뾰족한 가장자리 부분 같은 상세한 디테일을 잘 구별할 수 있도록 하는데, 반대로 주기 해상도는 낮아서 물건이 빨리 움직이거나 흑백 대비 차이가 낮은 경우에는 제 역할을 잘하지 못합니다. 그에 반해 M-셀은 낮은 공간 해상도로 인해 상세한 디테일 구별은 잘못하지만 높은 주기 해상도를 갖고 있어 약간의 움직임과 낮은 흑백 대비 차이는 구별이 가능합니다.

그래서 그림의 점에 집중했을 때 여러분의 P-셀 덕분에 보이는 것은 오로지 검은색 막대기뿐인 거죠. 그러나 머리를 흔들면 M-셀이 제 역할을 하므로 막대기 아래에 흐릿하게 보이는 이미지를 볼 수 있게 되는 겁니다.

프레이저의 나선

72와 73페이지에 있는 그림을 오랫동안 자세히 살펴보세요. 그건 나선이 아닙니다.

여러분의 시야의 방향을 결정하는 신경 세포는 연결되지 않은 기울어진 도형들을 이어지는 선으로 잘못 받아들입니다. 원형들을 머릿속에 제대로 구별해내기도 전에 시각계에서 이러한 현상이 나타납니다.

수채화 착시

여러분은 아마 이 책이 검은색과 흰색, 그리고 다른 한 가지의 색으로 구성됐다는 것을 눈치챘을 것입니다. 이 점을 이용해서 2가지 정도의 심미적 착시를 설명할 수 있습니다.

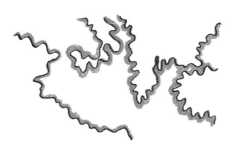

첫 번째는 수채화 착시라는 것입니다.

이 그림의 '땅'은 연한 분홍색으로 보이지만 사실은 하얀색입니다.

수채화 착시는 또한 빈 배경의 물체에 대한 우리의 인식을 확고하게 합니다. 분홍색 경계선 없이는 구불구불한 선은 더 추상적으로 느껴져 어떤 특정 물체에 대한 윤곽처럼 보이지 않죠. 아래 그림처럼요.

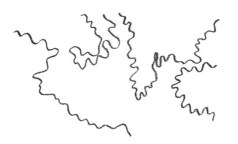

수채화 착시에 대해서는 잘 알려지지는 않지만 이에 대한 흥미로운 연구가 몇 가지 있습니다.

예를 들어, 과학자들은 두꺼운 외곽선과 얇은 내부선이 각각 다른 눈에 비칠 때에도 이 현상이 발현된다는 것을 찾아냈습니다. 이는 시각 시스템에서 입체의 심도인지가 이루어진 이후에 착시 색깔이 생성된다는 것을 암시합니다.

문커 화이트 착시

여러분이 책 전반에 걸쳐 보고 있는 붉은색은 'Pantone 185u'라고 합니다. 이는 밝은 빨간색에 속하며, 마젠타색에 살짝 가깝습니다.[S1] 팬톤 시스템은 14가지 기본 안료의 *정확한* 혼합을 지정하여 인쇄물의 색상 재현을 더욱 쉽게 표준화할 수 있도록 설계되었습니다. 이는 고상한 목표이지만, 현실 세계에서는 정확한 색의 잉크를 사용하는 것이 절실하게 중요하지는 않지요.

아래 착시 효과는 이러한 사실을 정확히 반영합니다.

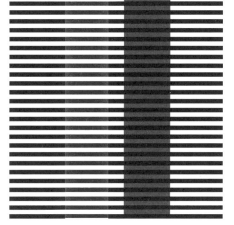

왼쪽의 붉은 줄무늬는 오른쪽 줄무늬와 완전히 똑같은 색입니다. 책을 좀 더 멀리에서 보면 착시 효과를 더 높일 수 있습니다. 이를 우리는 문커 화이트 착시라고 부르는데, 이에 대한 설명은 의견이 분분합니다.

흥미롭게도, 밝기 착시는 활발한 신경 세포들이 인접하는 활동들을 약화시키는 현상인 측방억제로 설명할 수 있습니다. 주변이 밝은 경우에 색은 원래의 색보다 덜 밝게 느껴집니다. 그러나 문커 화이트 착시 현상에서는 그 반대에요! 한 가지 가능한 설명으로는 귀속성이 있습니다. 우리는 왼쪽의 붉은 줄무늬가 검은 줄무늬에 귀속된다고 인지하므로, 붉은색이 더 밝게 느껴집니다.

한편 오른쪽의 붉은 줄무늬는 하얀 줄무늬에 귀속되어 반대로 더 어두워 보이며 개러지 록(비전문 음악인들이 연주하는 열정적인 록 음악)의 부활에 관심이 있는 것처럼 보이지요(하얀 줄무늬, 즉 화이트 스트라입스는 2011년 해체된 록 그룹).

[S1] 헥스 값을 알고 싶은 거 다 알아요. : #F15060.[S2]

[S2] 알았어요. CMYK값은 0 81 54 0입니다.

성격 검사 테스트

어떤 성격 검사가 여러분의 성격에 가장 맞나요?
간단한 퀴즈를 통해 알아보세요!

성격(인성) 검사는 고용주, 채용자, 그리고 자신의 보호 동물이 무엇인지 알아내기 위해 급하게 마우스를 마구 클릭해대는 인터넷 사용자들 사이에서 유명합니다. 하지만 여러분들도 아시다시피 그 결과는 언제나 확실한 증거에 근거한 것은 아니지요. 그럼에도 불구하고 인적자원관리협회의 연구에 따르면 미국 기업의 22%는 직원 채용 시 인성 검사를 사용하고 있다고 하며, 이 검사 업계 자체가 가진 경제적 가치는 연간 5억 달러(약 5,800억원) 이상으로 평가됩니다.

이 달콤한 두뇌 퀴즈로 벌어들인 현금을 진짜 과학으로 전환하기 위한 시도로, 모든 성격 검사들을 뛰어넘는 성격 검사를 소개하겠습니다.

문제

사람의 성격 유형을 발견하는 방법 중 가장 선호하는 방법은 무엇입니까?

A. 팔을 걷어붙이고 손에 기름을 바른 후 피검사자의 머리에 혹이 있는지 찾아본다.

B. 신중히 고른 용어로 된 질문들을 하고, 그에 대한 대답을 미친 듯이 분석한다.

C. 잉크를 조금 쏟은 후, 그게 무슨 모양으로 보이는지 질문한다.

D. 고대 차트에서 피검사자가 태어난 시기와 장소를 찾아본다.

E. 마법사들을 위한 학교에 대한 소설 시리즈의 주요 등장인물들과 비교해본다.

F. 위의 어느 것도 아니다.

A를 선택하셨군요.

골상학을 배워보는 건 어때요?

네, 그 케케묵은 옛날 이야기 말이에요. 두개골의 크기, 모양, 그리고 무게를 통해 성품이 좋고 나쁨을 알 수 있다는 믿음 말이에요. 이는 1796년에 프란츠 요제프 갈이 세운 이론인데, 그는 뇌가 27가지의 부분으로 구성되어 있고 각각 특정한 기능을 가지고 있어 사람의 성격에 영향을 준다고 믿었습니다.

비록 오늘날에도 이 개념은 어느 정도 사실성이 있다고 생각되는데, 정말로 뇌가 특정 기능을 보유하고 있는 여러 가지 부분으로 나눠져있기 때문이지요. 갈은 뇌 지도를 그려서 그의 발상이 꽤나 멋지고 과학적인 것처럼 보이게 했습니다. 아마 박물관 기념품샵에서 파는 비싼 머그잔에 그 그림이 그려져 있는 것을 본 적이 있을 거예요.

갈은 또한 다른 동물들도 몸에 이와 비슷한 기능을 가진 부분이 있을 것이라고 예상했고, 다른 동물들의 뇌가 어떻게 기능을 하는지 알아감에 따라 그의 발상은 신빙성이 높아졌지요.

그러나 1825년에 프랑스의 생리학자인 메리 진 피에르 플로랑스가 갈이 지목한 비둘기의 '내부 장기'의 위치를 실제로 검사했을 때,[H1] 모든 것은 갈이 그저 만들어낸 소리라는 걸 발견했습니다. 기념품샵에서 산 머그잔을 던져버려요! 골상학은 완전 헛소리에요.

이 학문이 반은 과학이자 반은 미치광이 소리인 것임을 떠나서, 이 모든 머리 만지기에 대해 한 가지 어두운 면이 있었습니다. 골상학은 자신들의 인종 차별 이념을 '과학적으로' 정당화하고자 하는 이들에게 널리 사용됐습니다. 예를 들어, 이 사람들은 지구상에 있는 각기 다른 두개골 형상들을 '진화'의 필수 단계로 구분했습니다. 우웩.

그럼 왜 이게 그렇게 유명해졌을까요? 19세기에 일반인들이 과학 엔터테인먼트에 열광한 탓이라고 생각하세요.

[H1] fMRI, 혹은 기능적 자기공명 영상법이 발견되기 전까지는 인간의 뇌가 어떤 기능을 하는지에 대해 검사하는 것은 매우 도전적인 일이었습니다.

골상학에 관련된 강의들은 머리를 만져서 인간의 뇌의 미스터리를 알아보는 괴상한 취미를 진짜 과학인 것처럼 바꿔버렸고, 너무 간단히 뇌에 대해 이해할 수 있도록 해버렸습니다. 이런 젠장 과학 같으니라고! 결국, 네 잘못이잖아!

오늘날 골상학에 대해 알아보기 위한 한 가지 좋은 변명거리로는 사이비 치료 실같이 만들어진 곳에 가서 전혀 모르는 사람한테 감각적인 머리 마사지를 받는 방법이 있어요. 그게 여러분한테 흥미롭게 들린다면 과학적으로 철저한 검사들보다 여러분의 성격에 대해 가장 잘 말해주는 것일 거예요.

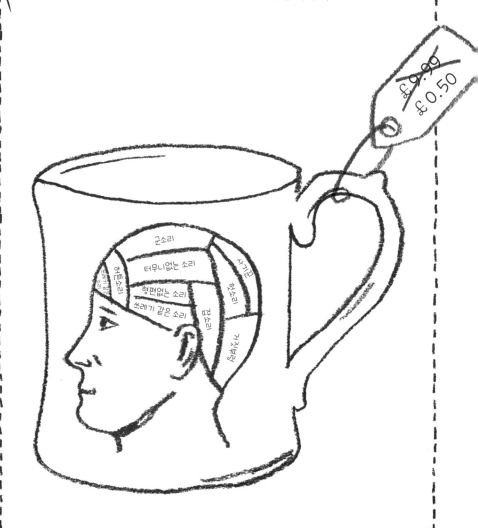

B를 선택하셨군요.

자기보고 양식 검사를 해보는 건 어때요?

이건 우리에게 좀 더 익숙한 영역이죠. 아마 여러분은 이와 비슷한 검사를 온라인에서, 면접에서, 또는 피크 디스트릭트(영국 북부의 고원 지대, 국립공원)에서 회사 워크숍 주말을 보내면서 해본 경험이 있을 겁니다. MMPI,[H1] MBTI,[H2] TIPI,[H3] FIPI,[H4] IPIP,[H5] DiSC 평가,[H6] 그리고 다른 많은 FLA[H7]들로 된 검사들이요.

가장 초창기의 검사 중 우드워스 퍼스널 데이터 시트는 1차 세계 대전 도중 미군에 입대를 자원한 지원자들을 검사하기 위해 사용되었습니다. 간단히 '예/아니요'로 답변할 수 있는 질문들을 통해 지원자들이 정신적인 장애로 고통받은 적이 있었는지를 확인하여 장기적인 전투 참가로 인한 전쟁 신경증의 위험성을 가려내고자 했습니다.

잘 사용되지는 않지만, 우드워스 정신신경증 양식 검사라고도 불리우며, 아래와 같은 질문들이 포함되어 있습니다. :

○ 피를 보면 속이 메스껍거나 어지러운가요?

○ 살면서 대부분의 시간에 행복감을 느끼나요?

○ 가끔 태어나지 말았으면 하는 생각을 하나요?

질문 한번 쾌활하네요. 이 검사를 만들어낸 사람에겐 안됐지만(그러나 전 세계의 나머지 사람들에겐 잘됐죠), 전쟁은 검사를 써보기도 전에 끝났습니다. 문제없어요! 심리학적 연구 분야에서 용감하게도 이를 넘겨받았고, WPDS는 모든 성격 검사의 아버지가 되었습니다.

[H1] 미네소타 다면적 인성 검사(개인의 성격, 정서, 적응 수준 등을 다차원적으로 평가하기 위해 개발된 자기보고형 성향 검사)

[H2] 마이어스-브릭스 유형 지표(마이어스(Myers)와 브릭스(Briggs)가 융(Jung)의 심리 유형론을 토대로 고안한 자기보고식 성격 유형 검사)

[H3] 10항목 성격 검사

[H4] 5항목 성격 검사 – '항목은 반, 재미는 두 배로!'

[H5] 국제 성격 목록(미국 오레곤대학교 명예 교수인 루이스 알 골드버그가 만든 성격 측정에 대한 공개 프로그램을 제공하는 웹사이트)

[H6] 주도형, 사교형, 안정형, 신중형으로 구분하는 인간 행동 유형 분석 모델

[H7] 네 자릿수 약어

WPDS의 바탕이 되는 개념은 현재도 바뀌지 않았으며 우리는 이제 그 작은 체크 박스들을 어느 곳에서나 찾을 수 있지요.

접근성에서나 분석적인 면에서 다른 것들보다 더 과학적인 검사들도 있지만, 그렇다고 변호사들이 범죄 조사에 사용하거나 회사에서 동료들과 어떻게 같이 일을 진행해야 할지 파악하는 데 사용하거나 영업사원들이 고객들에게 제품을 어떻게 팔아야 할지를 알기 위해 검사하는 건 막을 수 없습니다. 심지어 싱글들도 자신에게 가장 걸맞은 파트너만을 찾아서 그들의 데이트 효과를 높이기 위해 이런 검사들을 사용합니다.[H1]

그런데 자기보고검사에는 몇 가지 문제가 있습니다. 결과가 사람들이 얼마나 자신을 객관적으로 평가하는지에 온전히 의존한다는 겁니다. 정말 힘든 일이죠. 오히려 '이상적인' 자아의 관점에서 선호하는 답변을 작성하는 것이 훨씬 더 쉬우니까요. 게다가 질문에 대해서 각기 다른 방향의 결과가 나오도록 답변할 수도 있습니다. 처음 검사를 하고 몇 주 뒤에 두 번째로 같은 검사를 했을 때, 성격 유형이 '바뀌어' 버리는 것은 흔한 일입니다.

검사를 통해 중요한 결정을 하려고 하는 사람들에게 더 큰 문제는 정직성입니다. 만일 회사의 지원자가 자기보고검사를 할 때 '편법'을 사용하고자 한다면, 채용자가 원하는 기준에 맞는 성격 유형이 나오도록 답변을 조절할 수가 있을 것입니다. 이것은 위험성이 있는 전략인데 가장 인기 있는 성격검사의 질문과 방법은 아무도 모르는 기업 기밀이기 때문이지요. 만일 제대로 답변하지 못한다면, 직업에 '맞지 않은' 유형이 나올 수 있으며 오히려 불규칙한 답변 때문에 지원서에 생기지 않았을 수도 있었을 경고 표시가 생길 수도 있습니다.

그러나 요즘에는 연간 250만의 사람들이 MBTI 검사를 진행하는 등 많은 사람이 일 또는 재미로 자기보고검사를 하므로 여러분도 가능한 여러 가지 검사들을 시도해보는 것도 좋을 것 같아요. 친구들이나 직장동료들이 여러분과 소통할 때 제대로 된 언어를 사용해주기를 바란다면, 이마에 검사 결과를 새겨서 쉽게 참고할 수 있게 하세요.[H2]

[H1] 만일 여러분의 이상적인 파트너가 '설문조사에 답하는 것을 즐김'이라는 역량을 반드시 가지고 있어야 한다면, 저는 그게 정말로 효과가 있다고 보장할 수 있어요.

[H2] 그렇지만 제 MBTI 유형은 ENTP예요. 그래서 제가 이런 식으로 말하는 거예요(ENTP의 성격은 박학다식하고 독창적이며 끊임없이 새로운 시도를 함. 사람들을 판단하기보다는 이해하려고 노력함).

C를 선택하셨군요.

로르샤흐 검사[H1]를 해보는 건 어때요?

아마 로르샤흐 검사의 상징인 10개의 잉크 반점을 본 적이 있을거예요. 이 검사를 만들어낸 스위스의 정신의학자의 이름을 따서 만들어졌지요. 헤르만 로르샤흐는 그의 반점들을 성격을 평가하기 위해 사용할 생각은 전혀 없었고, 대신 정신병의 일종인 조현병을 진단하기 위해 이 검사를 만들어냈으며 1921년에 자신의 논문 정신 진단학(Psychodiagnostik)에 처음으로 소개하였습니다. 그러나 그다음 해에 타계해 그의 이름을 딴 검사가 전 세계적으로 돌아다닐 것이라는 사실을 알 수 없었지요.

하지만 우리는 바로 여기에 살고 있어요! 범죄 조사 중인 범죄 수사 심리학자들, 학교 안의 아동 심리학자들, 그리고 점심 식사 중인 심리학 교수들이 똑같은 얼룩 패턴의 카드 10개를 들고 사람들에게 뭐가 보이는지 물어보는데 꽤 많은 시간을 소비하고 있는 세계 말이에요. 대부분 게, 박쥐, 개, 그리고 인체 해부학[H2]의 징그러운 부분들이 그려져 있지요. 한창 전성기였던 1960년대 이후 로르샤흐 검사는 미국, 영국, 그리고 대부분의 서양 나라들에서 점차 인기가 사라졌지만 특이하게도 일본에서는 여전히 유명세를 타고 있습니다.

효과적이거나 말거나, 만일 우리의 괴짜 독자인 여러분이 로르샤흐 검사를 해본다면, 검사를 시작하기도 전에 카드가 다 망가져 버릴 거예요. 대중문화에서 이미 10가지 클래식한 잉크 반점 이미지에 대한 많은 특이한 답변과 가장 흔한 해석을 노출시켜 검사 자체가 무효할 수도 있습니다. 그래서 여러분들을 위해 '스페셜한' 버전을 만들어봤어요. 우리는 그저 이걸 과학적으로 유지하고자 하는 겁니다. 비과학적이 됨으로써 말이죠. 로르샤흐씨, 분석해보세요!

H1 좌우 대칭의 불규칙한 잉크 무늬를 보고 어떤 모양으로 보이는지를 말하게 하여 그 사람의 성격, 정신 상태 등을 판단하는 인격 진단 검사법
H2 오랫동안 쳐다보면 인체 해부학의 모든 부분은 다 징그럽게 보이니까요.

D를 선택하셨군요.

인사점성학를 해보는 건 어때요?

아니면 하지 마세요. 1985년에 미국 물리학자인 숀 칼슨은 이중맹검법을 통해 태양, 달, 행성들의 위치와 각각의 관계에서 나온 결과를 가지고 출생 차트 해석표나 별사리표를 읽음으로써 사람의 성격을 예상할 수 있는지 연구하였습니다. 결과적으로는 가능하지 않다는 결론을 내렸지요.

그다지 많은 과학 연구가 진행되지는 않았지만(제 말은, 얼마나 많은 연구가 필요하죠?), 실존하는 연구들은 점성술의 예언이 가능성보다 정확하지 않다는 것을 알려주고 있습니다.

비록 황소자리–똥이라고 널리 알려져 있기는 하지만, 흥미로운 현상이 1955년에 발견되었습니다. 프랑스 점성술 연구가인 미셸 고클린은 성공한 스포츠 선수들과 그들의 탄생 천궁도에 있는 화성의 위치 간의 연관성을 찾아내었습니다. 그는 어느 열광적인 점성술 지지자들 같은 창의성이 전혀 없어 그냥 그의 발견을 간단하게 화성 효과라고 불렀습니다. 추가적인 분석에서 이는 2가지 주장으로 나뉘게 되었는데, 어떤 사람들은 발견에 반대하였고, 어떤 사람들은 지지했으며, 확실히 결론은 그 결과가 분명하지 않았다는 것이었습니다.

이 효과에 대한 한 가지 설명은 흥미롭습니다. 고클린은 당시에 연구에서 특정 스포츠 선수들만 포함하고 다른 선수들은 배제함으로써 데이터를 조작하였기 때문에 비난을 받고 있었지만,[H1] 그것보다는 연구 결과가 결정적이지 않았다는 것에 대한 원인은 사람들에게서 찾을 수 있을지도 모릅니다. 원래의 연구가 진행되었을 때에는 점성술이 더 유명했던 시기였으므로, 연구에 참여한 몇 안 되는 부모들은 그들 아이의 태어난 날짜, 시간, 그리고 장소를 원하는 위치의 탄생 천궁도에 맞추도록 조작했을 수 있습니다. 선하고 지원을 아끼지 않는 가족들임에도 불구하고 그 왜곡된 데이터는 고클린이 연관성을 찾아내는 데 충분한 도움이 되었겠지요.

[H1] 고클린은 연구에서 농구 선수들은 제외하였는데, '가장 실망스러운 결과의 유럽인 샘플'이었기 때문이지요.

E를 선택하셨군요.

나는 어떤 해리포터 캐릭터인가를 찾는 온라인 퀴즈를 해보는 건 어때요?

이 답을 선택하셨다면, 여러분은 분명 후플푸프입니다.

F를 선택하셨군요.

정해진 성격 따위는 없다고 모두를 설득하시는 건 어때요?

어쨌든 그게 바로 1968년에 심리학자인 월터 미셸이 하려고 했던 거예요. 그의 다른 많은 동료와는 반대로, 미셸은 '성격' 그 자체는 존재하지 않는다고 했습니다. 사람들은 그들의 '유형'에 항상 따르지 않고 어떤 주어진 상황의 특성이나 그 상황에 대해 바라보는 관점에 따라 다르게 행동합니다. 만일 여러분이 스트레스를 받고 있다면, 어떤 특정 상황에 대해 마음이 여유로울 때와 다르게 반응하나요? 친구들이나 가족들과 있을 때와 낯선 사람들과 있을 때 각각 다르게 행동하나요?

여러분의 답변이 당연히 '아니요'라면, 잘못된 알파벳을 선택하셨네요. B로 돌아가세요.

단순히 답에 체크 표시를 하거나 머리의 울퉁불퉁한 곳을 만지거나, 얼룩을 관찰하거나, 생일 차트를 조사하거나 무슨 해리포터 타입인지 확인하는 것으로 우리 내면의 소리에 맞게 인생 계획을 만들 수만 있다면 인생은 매우 간단해지겠지요.

진짜라기에 너무 좋게 들린다면 걱정하지 마세요. 그 성격 유형을 갖고 있는 건 여러분뿐만이 아니니까요.

2D 안경을 만드는 방법

여기 귀여운 토끼 좀 보세요, 그냥 먹어버리고 싶지 않나요? 진짜 그러고 싶다
는 거 다 알아요, 이 고약한 육식동물 같으니라고! 이 불쌍한 토끼는 그 얼굴에
서도 볼 수 있듯이 많은 동물의 먹이 사냥감이죠.

말 그대로예요. 먹잇감이 되는 동물들은 대체로 눈이 얼굴 옆에 달려있어요.
이는 모든 각도에서 오는 위험들을 볼 수 있도록 돕는 역할을 합니다. 비교해
보면 인간과 같은 포식 동물들은 눈이 앞을 보고 있지요. 비교하기에는 좀 바
보 같군요. 같은 방향을 보게 되어있다면, 왜 눈이 2개나 필요한 걸까요?

| 먹잇감 | 먹잇감 | 먹잇감 |

| 포식자 | 포식자 | 엄밀히 따지면 포식자 |

눈 2개가 같은 장면을 보도록 훈련하는 것은 포식자들에게 한 가지 큰 장점을
주는데 바로 3D 입체 시야입니다! 만일 여러분의 다음 식사가 덤벼들어 잡아
야 하는 것이라면, 그것이 얼마나 멀리에 떨어져 있는지 잘 예상하는 것이 좋
을 겁니다. 그런데 같은 방향을 바라보고 있는 두 눈을 가지고 있는 것이 어떤
식으로 도움을 주는 걸까요?

이 실험을 한 번 해보세요. 우선 멀리에 있는 작은 물체 혹은 벽에 있는 점 같은 것을 찾아보세요. 이제 한쪽 눈을 감고 엄지손가락을 들어 올리세요. 그 작은 물체 혹은 점을 엄지손가락으로 가려서 눈에 안 보이게 해보세요. 만일 가려지기에 너무 큰 점이라면 더 작은 점을 찾거나 아니면 충분히 가릴 수 있을 때까지 몇 걸음 뒤로 가세요. 아니면 더 큰 엄지손가락을 찾던지요. 사실 엄지손가락을 가까이서 쳐다보면 원래보다 더 큰 것처럼 보일 거예요. 그게 뭔가를 가까이서 보면 일어나는 현상이지요. 제 말은, 필요하다면 엄지손가락을 눈 가까이 가져오라는 겁니다. 제가 여러분의 손을 그렇게 잡을 필요는 없잖아요.

자, 이제 엄지손가락은 움직이지 않은 상태에서, 뜨고 있던 눈을 감고, 감고 있던 눈을 뜨세요. 이제 손가락으로 가리고 있다고 생각했던 물체를 볼 수가 있을 거예요. 그 이유는 여러분의 두 눈이 머리의 살짝 다른 부분에 있기 때문에 보이는 부분이 살짝 다른 겁니다. 아래에 있는 여러분의 눈 사이 간격만큼 떨어진 부분에서 찍은 두 사진을 보세요.

여러분의 뇌는 그 차이점을 알고서 물체가 얼마나 많이 떨어져 있는지에 대한 중요한 정보를 가지고 3D 입체를 만들어냅니다. 이를 입체 영상이라고 부릅니다. 과연 그게 어떤 느낌인지 알고 싶다면, 이 두 그림을 다시 쳐다보세요. 그렇지만 이번에는 사시 눈을 뜨고 쳐다보아 두 그림이 서로 위에 겹쳐 보이도록 해보세요. 3D 입체가 되는 것을 볼 수 있을 거예요. 아니면 그냥 책을 내려놓고 진짜 현존하는 물체를 보시던지요.

이것이 우리가 깊이를 인지하는 유일한 방법은 아니지만, 제일 많이 사용되는 방법입니다. 또한, 이게 바로 3D 영화가 작동하는 원리이기도 합니다. 3D 영화에서는 왼쪽과 오른쪽 눈에 각각 다른 이미지를 보여주는데, 나머지 일은 뇌가 알아서 합니다. 이는 일반적으로 특수한 안경과 특수한 프로젝터를 사용해서 완성되죠. 이 프로젝터는 2가지의 다른 빛을 쏘아서 2가지의 다른 이미지를 보냅니다. 그러면 안경의 렌즈는 그 빛을 걸러서 맞는 이미지가 맞는 눈에 보이도록 합니다(그리고 왼쪽 이미지는 왼쪽 눈으로 가게 하죠!).

그런데 어떻게 다른 형태의 빛이 있을 수 있죠? 그 비결은 편광을 이용하는 것입니다. 아실 수도 있겠지만 빛은 파동의 형태로 움직이는데, 그 말인즉슨 어떤 진동이 발생한다는 것이고, 이 진동을 한쪽 방향으로 제한할 수 있다는 것입니다. 이것은 마치 밧줄의 한쪽 끝을 잡고 위아래로 흔들어대면, 파동은 양 옆으로 움직이는 것이 아니라 밧줄을 따라 위아래 방향으로 이동하기만 한다는 것과 비슷합니다.

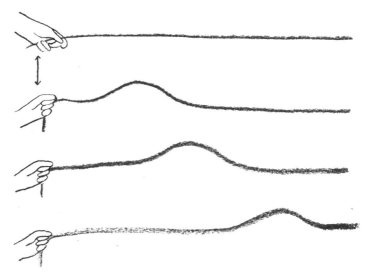

3D 안경의 렌즈는 맞는 방향으로 움직일 때만 빛을 투과시킵니다.

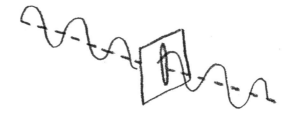

잘못된 방향으로 진동하는 빛은 투과시키지 않지요.

영화관에서 받은 3D 안경을 가져가면 집에서 편광 필터의 효과를 더 알아볼 수 있어요. 안경을 들어 평면 화면 텔레비전 또는 노트북 화면 또는 아이폰 화면(안드로이드 폰에서는 잘 안 돼요, 모델에 따라 다르긴 하지만요)을 바라보세요. 안경을 이리저리 돌려보면, 돌릴 때마다 화면 뒷부분이 밝아졌다가 어두워졌다가 하는 게 보일 겁니다.[S1] 그건 LCD 화면에서 오는 빛이 편광되기 때문이죠.

어떤 사람들은 3D 영화관을 별로 좋아하지 않는데, 그래서 제가 어떻게 2D 안경을 만드는지 보여줄 거예요. 다음번에 D가 하나 더 추가된 영화관에 끌려간다면(개인적으로 저는 추가된 D를 좋아해요), 이 안경을 가져가서 평면 화면 경험을 즐기세요.

3D 영화관을 좋아하지 않는 사람들은 영화를 봤을 때 오는 두통이나 아픈 눈, 어지러움, 혼란스러움 등에 대해서 불평을 하는 편입니다.

이러한 문제를 일으키는 장본인은 바로 수렴-조절 불일치라고 하는 것입니다. 어떤 물체를 바라볼 때, 여러분의 뇌는 2가지 일을 동시에 합니다. 첫 번째로는 두 눈이 어떠한 물체를 향하게 하는 것입니다. 그 말은 만일 이 물체가 가까이에 있다면 눈이 안쪽으로 향하게 됩니다. 반대로 멀리에 있으면 눈은 앞을 거의 똑바로 향하게 되지요(다음 장을 보세요).

[S1] 만일 여러분의 안경이 원편광 영화관에서 가져온 거라면, 뒤집어야 보일 수도 있어요.

이것이 바로 수렴이라고 불리는 현상인데, 눈이 어떤 물체를
보기 위해 모여지기 때문입니다. 동시에 여러분의
뇌는 눈으로 보고 있는 물체에 초점이
맞춰지도록 합니다. 눈 안의 렌즈를 누
르고 늘려서 시야가 더 이상 흐릿하지
않도록 하는 것이죠. 기본적으로 정확
한 초점 거리를 맞추는 것인데, 이를 조
절이라고 부릅니다.

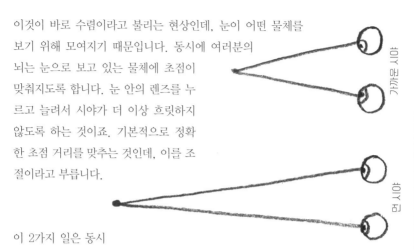

이 2가지 일은 동시
에 일어납니다. 다시 말하면, 특정한 수렴 현상은 언제나 특정한
조절 현상에 부합한다는 것입니다. 그래서 여러분의 눈이 한 물체에 집중될 때
여러분의 뇌는 그에 맞는 초점 거리에 눈의 렌즈를 맞추죠. 굉장히 영리한 이
모든 과정은 무의식중에 발생합니다.

이제 3D 영화관에 가면, 안경은 스크린이 원래 있는 곳보다 물체가 더 가깝거
나 혹은 더 멀리 있는 것처럼 눈이 착각하게 합니다. 그러면 여러분의 뇌는 눈
을 거기에 맞는 곳에 조절하는데, 선명한 이미지를 보려면 스크린 자체에 포커
스를 맞춰야 하기 때문에 전혀 도움이 되지 않지요.

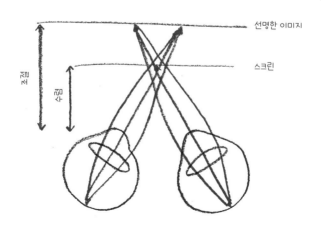

이게 바로 무의식중에 불편한 경험을 하게 하므로, 자신만의 2D 안경이 필요한 겁니다.

이 프로젝트를 위해서는 2개의 3D 안경만 있으면 되고, 우리가 만들고자 하는 것은 두 왼쪽 렌즈만 있는 하나의 안경입니다(아니면 2개의 오른쪽 렌즈이든가요).

영화관에서 주는 안경의 대부분은 매우 조잡하게 만들어져서 렌즈를 빼내는 것은 비교적 쉬워요. 이제 오른쪽 렌즈를 빼내서 다른 안경의 왼쪽 렌즈와 바꿔 끼우기만 하면 됩니다. 쉽죠!

이제 영화관에 가면, 여러분의 두 눈은 같은 영상을 보게 될 겁니다. 그리고 만일 스크린으로 뛰어 들어가야 한다면 얼마나 멀리 점프해야 할지 정확히 알게 되겠죠.

단안(한 개의 눈) 거리 인지

우리는 입체 영상 한 가지로만 거리를 인지할 수 있는 것은 아닙니다. 우리가 할 수 있는 다른 테크닉에는 아래의 것들이 포함되지요.

- **조절** – 어떤 물체를 시야 안에 맞추기 위해 눈 안의 렌즈를 얼마나 많이 누르고 늘려야 하는지를 아는 것입니다.
- **운동 시차** – 눈 하나를 감은 상태에서도 머리를 움직였을 때 시야에 있는 물체들이 각각 어떻게 움직이는지를 관찰함으로써 거리를 아는 탁월한 감각이 있습니다.
- **세상에 대한 지식** – 진짜 세계에서 선들이 평행 선상에 있다고 한다면, 우리는 관점을 이용해서 깊이를 알아낼 수 있습니다. 물체가 얼마나 큰지 안다면, 우리는 그 물체가 우리 시야에서 얼마나 많은 공간을 차지하는지에 따라 그 물체와의 거리를 알아낼 수 있습니다.

내 머릿속의 목소리들

오늘 오전에 일어났던 제 뇌 속의 여러 다른 부분들이 나누었던 대화를 살짝 엿보도록 합시다.

헬렌 1 안녕. 어떻게 지내?

헬렌 2 완전 잘 지내! 이보다 더 좋을 수는 없어.

헬렌 3 글쎄...

헬렌 1 너에게 물어보지 않았어. 헬렌 3.

헬렌 3 미안.

헬렌 2 어떻게 지내니. 헬렌 1?

헬렌 1 솔직히 말해. 그다지 잘 지내고 있지는 않아.

헬렌 2 무슨 일인데?

헬렌 1 나는 '방구석 과학쇼'라는 책을 집필하고 있어.

헬렌 2 말도 안 돼! 나도 그래! 그리고 엄청 환상적으로 잘 되어가고 있어!

헬렌 1 내 말은, 잘 되어가고 있었어. 그런데 이 뇌에 대한 부분에서 막혔어.

헬렌 2 어떻게 그럴 수가 있지? 너한텐 뇌가 있잖아.

헬렌 1 있기는 하지만...

헬렌 3 내 생각에 너는 멋진 뇌를 가지고 있어.

헬렌 1 닥쳐 헬렌 3. 너하고는 관계없어.

헬렌 3 미안.

헬렌 1 난 그저 뭔가를 소유하고 있다고 그것에 대해 말할 수 있는 자격이 주어지는 건 아니라는 생각이 들어. 나는 12번째 생일에 받은 뉴키즈 온 더 블록 레코드판을 가지고 있지만,[H1] 퀴즈쇼에 나가서 정답을 맞출 마음은 없단 말이야.[H2]

헬렌 2 터무니없는 소리! 나는 멋진 뇌를 가지고 있어. 그 말은 내가 뇌에 대해 모든 것을 안다는 거지. 특히 내 뇌처럼 멋진 거라면 말이야. 이건 다른 사실을 모두 무효화할 수 있어. 직접 경험한 것보다 더 유용한 게 어디 있겠어?

헬렌 1 흠... 글쎄. 그 분야의 실질적인 연구 결과는 어쩌지? 그리고 아이디어를 재치 있으면서도 조명적인 방면에서 소개하는 창의적인 방법은 뭐지?

[H1] 이건 사실이에요.

[H2] 이건 사실이 아니에요. 저는 뉴키즈 온 더 블록 지식경연대회에서 무조건 우승할 수 있어요.

헬렌 2   그건 잊어버려. 내겐 그거에 대한 생각이 있어. 블로그 몇 개도 읽어봤다고. 난 이 전체 챕터를 한 시간내로 설명할 수 있어. 최대로 말이야.

헬렌 1   네 자신감이 존경스러워 헬렌 2.

헬렌 3   난 너희 둘 다 존경스러워. 헬렌 1 그리고 헬렌 2.

헬렌 1   제발 헬렌 3. 어디 다른 데로 가버릴 만한 데가 없니?

헬렌 3   딱히 없어. 미안.

헬렌 1   이것 봐, 헬렌 2. 난 이걸 그렇게 쉽게 생각할 수가 없어. 네가 그렇게 훌륭한 뇌를 갖고 있다는 걸 어떻게 알지?

헬렌 2   당연한 거지. 나는 생각한다. 고로 나는 훌륭한 뇌를 가지고 있다. 증명종료지. 이 머저리야.

헬렌 1   그것참 흥미롭네. 난 방금 더닝 크루거 효과에 대해 읽고 있었거든. 그런 전형적인 표본을 만나리라고는 전혀 생각지도 못했는데. 게다가 내 머릿속에서!

헬렌 2   터그 더는 그런거? 효과라는 게 뭐야?

헬렌 1   심리학자인 데이비드 더닝과 저스틴 크루거가 1999년에 발견해낸 거야.

헬렌 2   들어본 적도 없어. 어떤 멍청이들이겠지 뭐.

헬렌 1   글쎄, 명칭이 그렇긴 해도 그 사람들이 처음 발견했다고 볼 순 없어. 그 전에 공자에서부터 셰익스피어. 그리고 다윈도 발견했었거든. 이 효과는 사람들이 자신들의 기량 부족을 인식하지 못해서 나타난 우월성에 대한 착각이야. 이게 사람들을 실제보다 유능하다고 믿게 만드는 거지.

헬렌 2   루저들!

헬렌 1   정확해. 인지적 편향의 한 종류지. 많은 사람에게 스스로가 잘하는 것이 뭔지 물어보는 조사를 하면, 50% 이상이 자기가 평균보다 높은 운전 실력이라든지, 섹스 스킬이라든지 높은 지능을 가지고 있다고 주장할 거야. 다 평균 이상일 수는 없잖아?

헬렌 2   그 말에 110% 찬성해.

헬렌 1   기본적으로, 그게 사람들이 자신들의 무능함을 이해하는데 무능할 때 벌어지는 일이지.

헬렌 2   맞아, 맞아. 흥미로운 말이지만 나는 틀림없이 똑똑하고 절대 무능하지 않아. 그걸 증명할 수 있는 학위가 2개가 있다고. 그러니... 계속해봐.

헬렌 1 그렇지만 똑똑한 사람들에게도 예외는 없어. 그들의 전문 분야 외의 것이라면 말이야.

헬렌 2 어떻게 그게 가능한지 이해가 안 가. 어떤 주제에 대한 기초적인 지식이 있으면 나머지는 그냥 추정하기만 하면 되는 거 아냐?

헬렌 1 맞는 말이야. 매우 기초적인 이해만 있다면 사실 더닝 크루거 효과에 더 빠지기 쉬워. 모든 문제는 전문가가 매일 붙들고 고심하는 핵심 문제들에 대해 전혀 모른다면 해결하기가 쉬워 보이지. 다들 악마는 세부사항 속에 숨어있다고들 하잖아.

헬렌 2 *네 말이 그런 거지. 나 같은 사람에겐 해당하지 않아. 세부사항이라니, 개부사항이겠지!*

헬렌 1 마치 한 물리학자가 옆 방의 의학 연구실에 갑자기 나타나서 했던 것처럼 말이지. '이봐요, 암 과학자들, 지금 완전 잘못하고 있는 거예요! 수백 수천 명의 이 분야 전문가들이 수십 년간 수행한 집중적인 연구에 대해 빠뜨린 걸 내가 알아냈어요. 내 말이 무슨 뜻인지 알려줄게요. 자, 내 맥주 좀 들고 있어 봐요...'

헬렌 2 이봐, 그건 그때 딱 한 번만 그랬던 거잖아.

헬렌 1 그다음에는 수년 전에 이미 실험했다가 부결된 완전 엉뚱한 이론을 설명해대지. 주제에 대한 문헌을 읽어봤든가 생물학자에게 물어봤다면 그렇게 되지는 않았을 텐데 말이야. 더닝 크루거 효과는 찾으려면 어디에서나 찾을 수 있어. 너 자신에게서도 말이지. 신문지를 넘겨보다 보면 네 전문분야에 대해 나온 내용을 찾을 수 있을 거야. 그게 뉴키즈 온 더 블록이라고 치자. 그걸 작성한 사람들의 가설과 동의하거나 동의하지 않는지에 대해 비판적으로 접근할 수 있겠지. 하지만 네가 전혀 모르는 부분이 나오면, 예를 들어 같은 시기에 활동한 보이밴드 5ive에 대해서라면 잘못된 정보에도 쉽게 동요되겠지. 지금과 같은 새로운 '대안적 사실' 시대에는 위험한 일이야.

헬렌 2 라라라라라라.

헬렌 1 지금 뭐 하는 거야?

헬렌 2 라라라라. 난 안 들을 거야. 라라라라.

헬렌 3 난 아직 듣고 있어, 헬렌 1.

헬렌 1 그만해 헬렌 3. 너한테 얘기하는 거 아니야.

헬렌 3 미안.

헬렌 1 모르겠어. 어쩌면 내가 다 잘못 생각하고 있는 걸지도 모르지.

헬렌 3 무슨 뜻이야?

헬렌 1 너한테 말하는 거 아니라고 헬렌 3.

헬렌 3 미안.

헬렌 1 이 주제에 대해서 충분히 읽었단 말이야. 과학 학술지들도 읽어봤고. 심리학자들
       하고 얘기도 나눠봤고, 이번 장을 백번이고 고치고 또 고쳤다고.

헬렌 3 그건 스티브보다 최소 97배나 더 많은 횟수인데... [S1]

헬렌 1 그런데 어쩌면 내가 잘못 이해한 걸까? 어쩌면 더닝 크루거 효과에 대해 아예 말
       하지 말았어야 했을까? 어쩌면 내가 생각해온 것들이 다 잘못된 걸까?

헬렌 2 무슨 일인지 알겠어. 넌 지금 가면 증후군을 겪고 있어.

헬렌 1 아, 물론. 그럴 줄 알았어. 너 정말 통찰력이 있구나! 헬렌 2.

헬렌 2 진짜? 난 가면 증후군이 뭔지도 몰라. 그래도 멋진 말 같지 않아? 들어본 적도 없
       어. 사실 방금 생각난 거야. 그 단어, 가면 증후군 말이야. 가아아아아머어어언 증
       후군. 멋지잖아! 스스로가 자랑스럽군.

헬렌 1 네가 방금 가면 증후군을 더닝 크루거 효과 시켰다니 믿을 수가 없네.

헬렌 2 뭐라고?

헬렌 1 가면 증후군은 실재하는 거야. 더닝 크루거 효과보다 더 이전에 발견된 현상인데.
       1978년에 임상 심리학자인 폴린 R 클랜스와 수잔 임스가 처음 발견해서 그에 대
       한 글을 썼지.

헬렌 2 또 다른 루저들이네.

헬렌 1 그건 크게 성공한 사람들이 이제까지 이뤄온 모든 게 '사기'인 것처럼 밝혀질까
       봐 계속 두려움에 떨며 살아가면서 자신들의 성공에 대한 자격이 없다고 생각하
       는 거야.

[S1] 맞아요.

헬렌 2 그런 사람들이 어디 있어. 이봐, 네 성공을 원하지 않으면 내가 공짜로 가져갈게.

헬렌 1 극단적인 예로는, 그에 반대되는 증거가 바로 앞에 있음에도 불구하고 자신들이 이룬 성공이 운이나 타이밍 같은 외부 요인으로 인한 것으로 생각하지. 가장 아이러니한 게 뭔지 알아? 어떨 때는 자신의 성공을 믿지 않고, 자기가 원래보다 더 영리한 것 마냥 다른 사람들을 속이고 있다고 믿지.

헬렌 2 겸손한 것처럼 들리네. 불쌍해라!

헬렌 1 하지만 순전한 겸손은 자신의 기량을 잘 이해하는 것에서 오거든. 사회적 응집성, 사생활, 죄책감 같은 이유에서 시작되지. 가면 증후군은 무능하지 않다고 믿기에는 너무 무능하지 않은 사람에게 일어나지. 내 말이 무슨 뜻인지 이해가 간다면 말이야.

헬렌 2 전혀 모르겠어, 친구.

헬렌 1 어쨌든, 그게 내가 느끼는 거야. 헬렌 2는 더닝 크루거 효과에 시달리고 있다는 걸 증명할 예정이고...

헬렌 2 아니거든!

헬렌 1 ...정확해. 그리고 나는 가면 증후군을 겪고 있다는 게 밝혀졌지.

헬렌 3 사랑해.

헬렌 1 왜 아직도 여기 있는 거니. 헬렌 3?

헬렌 3 미안.

헬렌 1 방금 생각났는데, 물어보지도 않았네. 넌 대체 왜 그래?

헬렌 3 나는 스톡홀름 증후군(공포심으로 인해 극한 상황을 유발한 대상에게 긍정적인 감정을 가지는 현상)을 앓고 있어.

헬렌 1 이제야 알겠네.

헬렌 3 나 이제 가도 되니?

헬렌 1 / 헬렌 2 아니.

헬렌 3 난 여전히 너희들을 사랑해.

뇌에 대한 미신들

좌뇌가 발달한 사람이거나

우뇌가 발달한 사람이거나

뇌량이란 좌우 대뇌 사이를 연결하는 신경 섬유들의 집합입니다. 뇌전증 혹은 간질을 앓고 있을 때 그 어떤 치료도 효과가 없으면, 뇌량을 잘라내어 발작이 한쪽 뇌에서 다른 쪽 뇌로 확산되지 않도록 할 수 있습니다.

신경심리학자인 로저 스페리와 마이클 가자니가는 이러한 '분할 뇌'를 갖게 된 환자들에게서 두뇌가 서로 소통하지 않게 되면 좌반구와 우반구가 자극에 각각 다르게 반응한다는 것을 발견해내었고, 따라서 다른 기능을 할 수가 있어 각기 다른 과제를 수행할 수 있을 것이라는 의견을 제시하였습니다. 여기까지는 꽤 과학적으로 들리죠.

미신은 대중 심리학자들이 우리의 성격은 어떤 뇌가 우월한지에 따라 정해진다고 말하면서 시작되었습니다. 그래서 세부사항들에 중점을 두는 사람들(좌뇌가 잘하는 것이죠)은 논리적이기도 해야 하는데 이는 좌뇌가 하는 일이기 때문입니다. 하지만 실제로 그런 사례는 없어요. 좌뇌가 하는 일 중 한 가지를 잘하는 것이 좌뇌가 하는 다른 일도 잘한다고 단정 지을 수는 없어요.

대수롭지 않은 미신으로 보이지만, 제 아이들이 온라인 테스트를 보고 우뇌의 성향을 갖고 있다는 결과가 나와서 수학에 소질이 없을 것이라고 할까 봐 긴장되기는 해요. 어디 좋은 성격 검사 없냐고요? 80페이지에 있는 저희의 성격 검사 테스트를 꼭 해보시길 바라요!

남자와 여자는 그저 다르게 연결되어 있어요.

화성에서 온 남자, 금성에서 온 여자. 그렇게들 말하죠. 성별에 따라 다르게 행동하는 건 서로를 매력적으로 느끼게 하는데, 상식적으로는 뇌의 구조가 다르기 때문이라고들 하지요. 그런데 과학에서는 어떻게 설명하고 있을까요?

실존하는 데이터의 포괄적인 연구에서, 심리학 교수인 다프나 조엘과 그가 이끄는 연구가들은 1,400개의 뇌에 있는 회백질과 백질을 조사하였습니다. 그들은 구조적 차이점들을 몇 가지 찾아내었는데, 그중 하나는 남자의 왼쪽 해마(대뇌의 변연계에 위치한 해마 모양의 구조)가 평균보다 크다는 것이었습니다. 하지만 안타깝게도 중복되는 부분들이 꽤 많았습니다. 그들은 남자다움에서 여자다움으로 이어지는 연속체에 대해 논의하는 것이 유용하다고 생각했고 연구에서 뇌의 다른 부분들이 그 스펙트럼상에 적용되는지 살펴보았습니다. 그들은 대부분의 뇌는 전형적인 여성과 전형적인 남성의 구조가 섞인 채로 이루어져 있으며 최대 6%의 뇌만 남성 혹은 여성의 성격 중 하나만을 보유하고 있다는 것을 발견하였습니다. 적어도 구조적으로는 남성 뇌 혹은 여성 뇌라는 것은 없다는 것이 밝혀진 셈입니다.

하지만 우리의 행동은 우리 뇌 구조의 사이즈로만 정의할 수 있는 것은 아니죠. 어떻게 연결되어있는지에 따라 정의할 수가 있습니다. 바로 커넥톰(신경망을 도식화하는 것) 말이에요.

방사선학의 부교수인 라지니 버마와 그녀의 연구팀은 거의 1,000명의 사람을 조사하여 그들의 커넥톰에서 믿을만한 차이를 발견하였습니다. 예를 들어, 여자들의 뇌에서는 확실히 기억력과 사회 인지능력에 관련한 부분에서 더 튼튼한 경로를 보유하고 있다는 것입니다.

이 연구에서 밝혀지지 않은 것은 '여성의 기술'을 배우는 것이 더 '여성적인 뇌'로 인도한다거나 더 '여성적인 뇌'를 가지는 것이 더 '여성적인 행동'을 한다는 것인지에 대한 것입니다. 남자의 뇌에 대해서도 마찬가지예요.

누가 말하고 있나요?

이 책을 집필하는 내내 제 마음 뒤편에서 자꾸 무언가가 절 괴롭혔어요. 우리가 정확히 같은 수의 단어들을 썼다는 희박한 가능성을 배제하면 한 명은 더 많은 단어를 썼겠죠. 다양한 대중적 주장을 따른다면, 그건 저일 겁니다.

어떤 자기계발 서적에 따르면, 여자들은 하루에 평균적으로 2만 개의 단어를 말하고, 남자들은 간신히 7천 개만 말한다고 합니다. 또 어떤 책에서는 여자와 남자 각각 7천 개와 2천 개의 단어를 쓴다고 주장하지요. 이건 연구를 통해 나온 것이 아니라 그저 만들어낸 숫자처럼 보이네요. 그래서 여자들이 남자들보다 더 많이 말을 하나요? 과학적으로 접근해서 통계 자료를 통해 고정관념을 깨버리세요!

2007년에 텍사스 대학교의 제임스 W. 페니베이커가 진행한 연구에서는 약 400명의 남성과 여성 참여자들의 대화를 녹음하여 각 그룹에서 말한 단어 수의 일간 평균을 조사하였습니다. 결과적으로 여자들은 평균적으로 16,215단어를 말했고, 남자들은 15,669단어를 말했습니다. 이건 2%보다도 더 작은 차이네요! 저는 그걸 통계적으로 의미 없는 것이라고 부릅니다.

다른 결정타는 특이 변수에서 찾아볼 수 있는데, 가장 적은 단어(약 500단어)를 말한 사람과 가장 많은 단어(47,000단어)를 말한 사람은 둘 다 남성이었다는 점입니다. 이 연구 자체도 역시 특별한 게 아니었어요. 페니베이커는 이 문제를 10년간 지속해서 지켜봤고, 성별 사이에 차이점은 거의 없다는 걸 알아냈습니다.

그럼 이 책은 어떨까요? 결과는:

헬렌: 24,869.　**스티브**: 19,820.[S1]　**매트**: 403.

그러니 총 45,092단어 중에서 남자가 45%, 여자가 55%를 작성했습니다. 물론, 이건 하나의 표본일 뿐이니… 의미 있는 통계를 내려면 이 책의 전체 시리즈를 집필해야 할 겁니다. 집필 실험실로 다시 가야겠네요.

[S1] 19,821단어![S2]
[S2] 19,822단어![S3]
[S3] 19,823단어![H1]
[H1] 알았어. 스티브, 알겠다고…

원소에 관한 모든 것

4   Chapter

4

104/131

자, 이제 방안의 원소에 대해서 말해볼까요?

썰렁한 농담은 집어치우고, 제 설명을 들어보세요... 이번 챕터에서는 여러분이 집안에서 찾지 못할 것이라고 예상했을 주기율표상의 몇 가지 원소에 대해서 살펴볼 거예요. 백열전구 안의 수은, 연기 감지기 안의 아메리슘, 과일 그릇 안의 칼륨... 그리고 우리의 일상생활을 멀리서 조정하고 있는 시계 안에서 똑딱거리는 세슘 등. 이 모든 재미있는 원소들에 대해 알아보면서, 유명하지 않은 초페르뮴(원자 번호 100번인 페르뮴보다 원자 번호가 큰 원소를 일컫는 용어)의 전쟁에서 논의되었지만, 공식적으로 확정되지 않은 낙오자 원소들의 이름을 절대 잊지 말아야 합니다.

여러분이 가는 방마다 찾을 수 있는 원소들에 대해서부터 시작해봅시다. 왜냐하면 그것들은 바로 여러분 안에 있으니까요!

여러분 안의 원소들

근본적으로, 우리는 모두 별에서부터 만들어졌습니다.

그래요, 우리 몸안의 원소들은 120억 년 전에 수많은 커다란 태양들이 초신성으로 변해 폭발하면서 그 잔재들이 우주 이곳저곳에 흩뿌려짐으로 인해 생겨났습니다. 인간의 몸안에 있는 수소는 그보다 더 오래전부터 있었지요. 138억 년 전에 빅뱅이 일어난 바로 뒤부터요.

장엄한 이미지이지요. 하지만 우리는 하늘에서 눈을 떼고 다시 지구로 돌아올 거예요. 왜냐하면 이번 챕터에서는 우리 몸안과 주변에 있는 원소들에 대해서 알아볼 거니까요. 방안에 있는 원소가 아니라면 우리는 관심이 없어요![H1]

여기 원소에 대한 질문이자 방에 대한 질문을 보세요.

만일 여러분이 **별 가루를**, 제 말은 원소를, 인간의 몸안에서 **빼내어 부엌 테이블에 늘어놓아 보면**, 과연 어떤 모양일까요?

집에서 하는 건 권장하지 않는다고 알려드립니다...

집에서 하지 마세요.

인간의 일생에서 필수적인, 혹은 최소한 중요한 원소들의 최종 리스트는 아직도 의견이 분분합니다. 정답은 19개에서 29개 사이인데 여기에는 종종 붕소, 카드뮴, 크롬, 코발트, 구리, 불소, 요오드, 망간, 몰리브덴, 셀레늄, 실리콘, 주석, 바나듐, 그리고 아연 등이 포함됩니다. 특별히 놀라운 원소는 없어요.

하지만 일단 몸안에 있는 원소 중에서 차지하는 비율이 높은 순서로 12개를 살펴봅시다.

[H1] 우주에 대해서 나와 있는 챕터 6에 도달하게 되면, 다른 원소들에 대해서도 관심을 갖게 될 거예요. 엄청나게요...

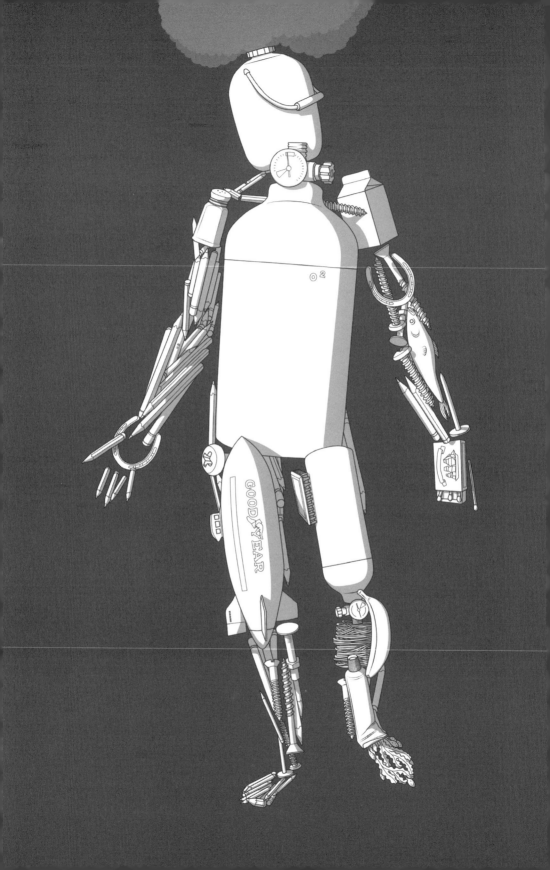

여러분, 사람은 몸안에 뭘 싸들고 있나요?

원소 이름	몸무게의 %
산소	65
탄소	18.5
수소	9.5
질소	3.2
칼슘	1.5
인	1.0
칼륨	0.4
나트륨	0.2
염소	0.2
마그네슘	0.1
황	0.04
철	0.008

여기에 이미 문제가 있어요. 인체의 가장 많은 비율을 차지하는 네 원소 중 세 가지는 우리 질량의 80% 가까이 차지하는데 평상시에 기체의 형태로 존재한다는 점입니다. 바로 산소, 수소, 질소죠. 여러분의 부엌이 실온 21°C이고, 압력은 1기압이며, 여러분이 평균 몸무게(80kg)라면, 이 원소들은 각각 $39m^3$, $91m^3$ 그리고 $2.2m^3$의 공간을 차지하게 될 거예요.

여러분의 부엌이 이층 버스의 사이즈라면, 이 원소들을 간신히 구겨 넣을 수 있을 겁니다. 그저 가스레인지만 켜지 마세요. 강력한 혼합체인 수소와 산소가 아주 작은 화염에도 모든 것을 너무 훈훈하게 만들어버릴 테니까요.[H1]

탄소로 넘어가 볼까요. 평균적인 인간의 몸안에 있는 이 기막히게 다양한 원소의 약 14.8kg을 가지고 테이블 위에 올려놓는 방법들이 매우 많습니다. 12,333개의 연필 쌓기. 74,000캐럿 다이아몬드 찾기. 원자 하나의 두께로 탄소를 쭉 늘어놓아 놀라운 재질인 그래핀(탄소 원자들로 이루어진 얇은 막) 시

[H1] 2개의 수소를 하나의 산소와 결합해서 일산화이수소, 즉 물로 만들어 저장하는 방법으로 공간을 절약할 수 있어요. 60L만 갖고 있으면 되는데, 그건 모든 방향의 치수가 85cm인 박스 한 개 또는 르노 세닉(르노자동차 회사의 MPV 차량)의 연료 탱크 안에 쉽게 채워 넣을 수 있을 만큼이죠. 훨씬 공간을 차지하지 않는 방법이지만, 이번 챕터에서 우리는 화합물에 대해서 알아볼 게 아니잖아요?

트 만들기. 이는 강철보다 몇백 배는 강한 편편한 면이며, 지구상의 그 어떤 것보다도 빨리 전기를 흐르게 할 수 있고 런던 해크니 자치구만한 사이즈를 덮을 만큼 큽니다. 흠(어쩌면 지금이 부엌을 확장할 시기일지도 모르겠네요...).

그리고, 칼슘이 있어요. 평균적인 사람들은 이 금속을 1.2kg 정도 들고 다니는데 그중 99%는 뼈나 이빨이지요. 이걸 하나로 뭉쳐서 테이블에 올려놓기는 어려운데, 다른 원소들과 반응해서 모든 것을 석회암(탄산칼슘)에서부터 구식 로켓 연료(과망간산칼슘)의 형태로 만들어 버리는 것을 좋아하거든요. 솔직히 말해서 이 원소 자체만 가지고서는 엄청나게 흥미롭지는 않아요. 혹시 연속 일부 일처주의자인 친구가 있나요? 싱글로 남지 않기 위해서 무슨 짓이든 하는 사람들 말이에요... 그들의 짝이 결국에는 엄청나게 지루해지거나 엄청나게 예민하게 변하더라도요? 네, 바로 칼슘도 그렇습니다.

다음으로 다른 금속들이 있어요. 손안에 빵 한 덩이와 같은 무게의 인 한 덩어리를 갖고 있다고 상상해보세요. 그 위에 수프 통조림 한 개 무게의 칼륨 덩어리를 얹으세요. 이 탑 위에 당구공 하나 무게의 나트륨 덩어리를 올려서 마무리하세요. 그다음 여러분 주변의 공기가 손 위의 인을 점화하여 강한 빛을 내는 것을 상상해보세요. 그리고 손안의 수분이 칼륨과 나트륨을 불붙게 함으로써 타는 듯한 통증을 주는 것을 상상해보세요. 그 불꽃이 연필 다발로 옮겨붙기 전에 창문 밖으로 던져버리는 게 좋을 거예요...

재난들은 나머지 원소들로 넘어가도 멈추지 않아요. 유독성의 염소 가스부터 인화성의 마그네슘, 푸른색으로 타오르는 황이 테이블 사이로 녹아내려 바닥에 피같이 붉은 액체 웅덩이를 만들어내죠.

철에 이를 때까지 말이죠. 아, 철 말이죠. 우리의 오랜 안정적인 친구죠. 평균적인 인간의 몸안에는 고작 6.5g의 철이 있어요. 그건 10펜스 동전과 같은 무게입니다.

그러니 여러분의 이층 버스 사이즈의 부엌이 독성 가스로 가득 차고 냉장고가 끈적거리는 물웅덩이로 녹아내리는 가운데, 자그마한 철판을 주먹 안에 꼭 쥐면서 인간이 DIY 소성단 조립 용품 세트가 아니라 이미 포장된 고깃덩어리 꼭두각시 인형인 상태로 만들어진 것이 얼마나 멋진 일인지를 스스로 자축하세요.

1 바나나
2 바나나
3 바나나
4

역대 가장 멋진 측정 도구 중 하나에 대해서 알아봅시다.

미터법이나 킬로그램 중량, 광년(빛의 속도로 1년 동안 가는 거리)이 아니에 요...

아뇨, 그건 바나나예요.

정확히 말하면, 바나나 등가 선량, 또는 BED라고 합니다. 이건 방사능 피폭량 을 측정하는 멋진 비공식적인 방법이고, 가장 가까운 과일바구니에서 스스로 손을 뻗어 집기만 하면 돼요.[H1] 일반 바나나에 0.5g의 자연적으로 발생하는 칼 륨이 들어있기 때문인데, 이는 약간 방사성을 띠거든요.

놀라지 마세요! 우리는 언제나 약간의 방사선을 받으며 살아갑니다. 먼 우주의 우주선(Cosmic ray, 지구 외부로부터 대단히 빠른 속도로 지구상에 날아 오는 방사선)을 통해서, 우리집 아래 땅에서부터, 그저 일상을 살아가면서 말이죠. 그리고 그 때문에 BED가 존재하는 겁니다. 방사능에 대한 이야기를 할 때마다 발생하는 B급 영화 스타일의 유언비어에 휘둘리지 말고 합리적인 맥락에 있기 위해서요.

글쎄요, 제가 '합리적인'이라고 했지만 이건 바나나로 측정하는 공학 단위에요.[H2]

BED는 얼마나 많은 바나나를 먹어야 어느 주어진 상황에서 그와 같은 양의 방 사선 피폭 효과가 있는지를 알려줍니다.

[H1] '허브 바구니'라고도 할 수 있어요. 바나나는 확실히 과일이지만 엄밀히 따지면 허브이기도 한데, 진짜 나무가 아니 라 목질 조직이 없는 초본식물에서 자라나기 때문이지요.

[H2] 공식적인 건 아니에요. BED는 아직 국제단위계에서 공식화되지 않았거든요. 제가 지금 처리하려고 노력 중이에요.

왜 물리학자들은 광분하는 걸까요?

지구상에서 자연적으로 발생하는 칼륨 중 0.01%를 살짝 넘는 양은 나머지 칼륨과는 다릅니다. 이들은 방사능을 띠는 칼륨-40이지요. 더 일반적인 칼륨-39처럼 각 원자핵 안에 19개의 양성자와 20개의 중성자를 갖는 대신에 칼륨-40에는 19개의 양성자와 21개의 양성자가 있어서 안정적이지 못합니다.

그건 약 10,000개당 1개의 칼륨 원자의 핵 안에 중성자 하나가 추가로 더 돌아다니는 것과 마찬가지인 거죠. 이러한 '무거운' 형태의 원자가 붕괴하면, 매우 활동적인 입자를 내뿜으며 이 일상의 원소가 아주 약간 방사성을 띠게 만듭니다.[S1]

바나나를 사용하는 것이 좋은 이유는 숫자가 멋지게 떨어지기 때문이지요. 평균적인 바나나에는 0.5g의 칼륨이 들어있는데, 이를 방사선량의 실질적인 진짜 측정 단위인 0.1 마이크로시버트, 혹은 $0.1\mu Sv$로 반올림할 수 있거든요. 그런데 마이크로시버트라는 게 얼마만큼의 양이고 이만큼의 방사선이 사람 몸에 무슨 의미가 있는 거죠? 자, 우리의 구부러진 노란 과일을 사용해서 알아봅시다!

비교를 시작하기 전에, 방사성이 약간 있다고 해서 바나나 먹는 걸 멈추지는 마세요. 몸안의 혈당을 조절하기 위해, 심장 박동수를 정상으로 유지하기 위해, 그리고 신경 세포들이 제대로 기능할 수 있도록 하기 위해서는 칼륨이 필요하답니다. 그리고 충분한 양을 먹으면 바나나맨이 될지도 몰라요.[H1]

어쨌든, 우리는 바나나 한 개보다 브라질너트 한 줌에서 더 많은 방사선을 얻습니다.[H2] 그러나 코미디 분야에서의 수년간의 실험적 증거에 따르면 바나나가 모든 음식 중에서 가장 재미있다는 것이 의심할 여지 없이 입증되었습니다. 브라질너트 껍질에 웃기게 미끄러질 수는 없잖아요. 그리고 성기처럼 생기지도 않았고요.[H3]

[S1] 방사선의 칼륨이 붕괴될 때 무슨 일이 벌어지는지 알고 싶다면, 121페이지를 보세요.

[H1] 그렇지 않아요.

[H2] 브라질너트가 바나나보다 칼륨을 더 많이 함유하고 있어서가 아니라, 높은 방사성 원소인 라듐을 함유하고 있기 때문입니다. 이제 바나나가 그다지 위험해 보이지 않죠?

[H3] 만일 여러분이나 아는 사람이 브라질너트처럼 생긴 성기를 가지고 있다면 당장 병원에 가서 치료받으세요.

동등한 양은 무엇...?

평범한 사람이 평상시에 하루 동안 노출되는 방사능의 양

약 100개의 바나나까지 10μSv

취침 시 누군가와 같이 누울 때

바나나 반 개 0.05μSv

100g의 브라질너트 먹기[H1]

100개의 바나나 10μSv

바나나 한 개 먹기

1개의 바나나 0.1μSv

치아 엑스레이 촬영

50개의 바나나 5μSv

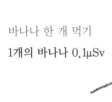

H1 영국 공공보건국에 따른 피폭량

콘월(영국 잉글랜드 남서부에 있는 주)로의
당일치기 여행[H1]
150개의 바나나 15μSv

한 번의 흉부 엑스레이 촬영
140개의 바나나 14μSv

런던에서 뉴욕으로의 비행기 여행
800개의 바나나 80μSv

여기가 바로 바나나 등가 선량의 개념이 무너지기 시작하는 순간입니다. 런던
에서 뉴욕까지 비행기를 타는 시간 동안에 800개의 바나나를 먹는 건 대단한
일이죠. 그건 한 시간에 100개의 바나나를 먹는 것이나 마찬가지인데, 세관을
통과하기 위해 무슨 짓을 해야 하는지는 말할 것도 없고요.

영국에서 사는 것 – 연평균 방사선 피폭량
27,000개의 바나나 2.7mSv[H2]

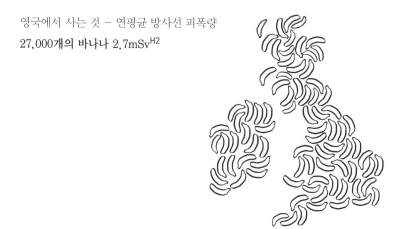

[H1] 이 지역에 있는 방사성의 라돈 가스 때문입니다.
[H2] 1mSv, 또는 1밀리시버트는 1,000μSv 또는 10,000개의 바나나와 동등합니다.

미국에서 사는 것 – 연평균 방사선 피폭량

62,000개의 바나나 6.2mSv

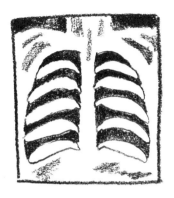

병원 흉부 CT 촬영

66,000개의 바나나 6.6mSv

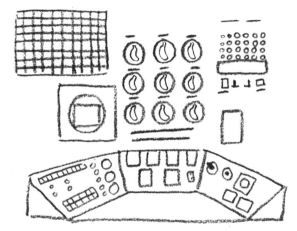

원자력발전소 직원들의 연평균 직업적 방사선 피폭량(영국, 2010년 자료)

1,800개의 바나나 0.18mSv

영국의 원자력 산업 종업원들의 최대 연간 피폭량 한도

200,000개의 바나나 20mSv

혈액 세포들의 가시적인 변화를 야기하는 피폭량

1,000,000개의 바나나 100mSv

전체 영국 가정에서 매일 버려지는 대략적인 바나나의 숫자[H1]

1,400,000개의 바나나 140mSv

피폭되는 사람 중 절반을 한 달 이내에
사망에 이르게 할 수 있는 방사선량
50,000,000개의 바나나 5,000mSv

그래요, 높은 방사선량에는 BED가 그다지 유용하지 않아요. 5천만 개의 바나나를 먹는 것은 여러 가지 건강상의 문제를 야기할 것이고, 죽음은 그 과정에서 맞닥뜨릴 많은 문제 중의 한 가지가 되겠죠.

7개의 바나나를 먹으면 영국에서 권장하는 칼륨 섭취 권장량에 대한 한도에 도달하게 됩니다. 약 400개의 바나나를 넘어서면 세포 안에 있는 칼륨의 균형이 엉망이 되고, 심장 박동을 조절하는 신경과 근육이 더는 작동하지 않게 되어 심장 질환이 생길 것입니다. 생각해보면, 400개의 바나나에 대한 영향을 받는 가장 첫 번째 내부 장기가 심장은 아닐 겁니다...

또한, 칼륨은 사람 몸안에 축적되지 않고 다른 금속염과의 내부 균형을 유지하기 위해 지속적으로 '씻겨내려' 갑니다. 그렇다면 단시간에 물리적으로 먹을 수 있는 바나나의 수는 초과된 칼륨을 제거하기 위한 신체의 능력에 따라 균형을 맞출 수 있다고 생각할 수 있겠는데요. 자연적인 안정기가 있다는 거죠. 겉보기에는요. 제 말은, 시도해보지는 않았어요. 하지만 이것에 대해 생물학자들이 무슨 말을 하든지 받아들일 준비가 되어있어요.

제가 하려는 말은, BED를 직장에서의 보건 안전 지침의 기초로 사용하는 것은 좋은 생각이 아닐 수도 있다는 것입니다. 그리고 방사성의 물건을 접시 위에 올려놓지 마세요! 바나나가 아니라면요.

[H1] 2017년 영국 정부의 폐기물 자문기구(Wrap)의 추정치에 따른 자료입니다.

수은

수은에 독성이 있다고 들어본 적 있겠지만, 이 두려움은 다 머리에만 있나요? 글쎄요, 만일 입안에 아말감 충전재가 있다면 맞아요, 그리고 그건 온몸에 천천히 스며들 거예요. 하지만 수은이 정말로 위험할까요? 얼마나 있어야 너무 많은 것일까요? 그리고 집안의 다른 물건에 있는 건 어떻죠?

제일 처음 생각나는 것은 온도계일지도 몰라요. 하지만 사실 최신 온도계에는 수은이 안 들어있어요. 만일 오래된 것이 집안 어딘가에 있다면 수은이 들어있을 수도 있겠지만 요즘에는 그렇게 만들지 않아요. 수은은 온도계로 사용하기에는 완벽한데 아쉬운 일이죠.

장점	단점
광범위한 온도에서 액체 상태를 유지합니다.	신경독입니다.
유리를 적시지 않아서 온도가 낮아질 때 튜브 안에 들러붙지 않아 잘못된 값을 나타내지 않습니다.	
부피가 온도에 따라 많이 변화하므로, 매우 정확합니다.	
부피는 온도에 따라 선형적으로 변하기 때문에 높이의 고정된 변화는 항상 온도의 같은 고정된 변화입니다.	

네, 그다지 완벽하지는 않네요.

가정에 널리 사용되고 있는 다른 물건 중 유일한 수은 공급처는 소형 형광등 에너지 절약형 전구입니다.

형광등 튜브 안에는 작은 방울의 수은이 들어있어요. 그 방울의 일부는 증기로 변해서 빠져나갑니다. 그리고 머지않아 증기 상태로 빠져나간 수은의 양과 방울에 다시 스며드는 수은 증기의 양이 같아지는 균형 상태가 이루어집니다. 이 증기로 전류가 흐르면, 수은 원자는 높은 에너지 상태인 여기 상태가 됩니다. 다시 안정된 상태로 돌아올 때, 이 원자들은 자외선을 방출합니다. 튜브의 내부에 도금된 형광체는 이 자외선을 흡수하여 가시광선의 형태로 다시 발산하지요.

장점	단점
여기가 될 때 자외선을 방출합니다.	신경독입니다.

온도계 안의 수은은 색깔을 입힌 알코올로 대체되고 있지만, 에너지 절약 전구에 대한 대안은 없어요. 그럼 우리는 이것의 독성 영향에 대해 걱정할 필요가 있나요?

'해터같이 미친'이라는 표현은 모자 제작자들(해터들)이 수은 화합물을 사용하여 펠트(모직이나 털을 압축해서 만든 부드럽고 두꺼운 천)를 부드럽게 만드는데, 거기서 나오는 연기가 '매드 해터 증후군'을 야기시킨다는 사실에서 만들어졌습니다. 그 증상에는 짜증이 늘거나 편집증 증세를 보이는 것이 있는데, 메일 온라인(영국의 온라인 신문지)의 의견란을 읽을 때와 비슷한 증상이지요. 수은은 여러분을 사망에 이르게 할 수도 있습니다. 그럼 우린 대체 왜 이걸 우리의 치아에 씌우고 전구 안에 넣는 거죠?

보건부에서는 치아 충전재에 수은을 사용하는 것은 위험이 없다고 합니다. 하지만 혹시 모르니 잠시 동안 우리의 은박지로 만든 모자(뇌를 전자파, 마인드 컨트롤, 그리고 독심술 같은 위험으로부터 보호할 것이라는 믿음과 희망으로 쓰는 모자를 뜻함)를 쓰고 계산해봅시다.

평소와 다름없는 날에, 아말감 충전재는 $2\mu g$(마이크로그램)의 수은을 몸속으로 스며들게 할 수 있습니다. 그리고 만일 소형 형광등 전구를 깨뜨리고 그 맛있는 연기를 마신다면, $0.07\mu g$만큼의 수은을 섭취하는 셈이 됩니다.

이 상황을 우리 모두가 생각하기에 완벽히 안전하다고 생각하는 '참치 샌드위치를 먹는 것'과 어떻게 비교할 수 있을까요?

먼저, 바다에는 꽤 많은 양의 수은이 있습니다. 석탄을 태우는 것을 포함해서 여러 산업 공정에서는 대기 중에 수은을 방출하는데, 이렇게 자유로워진 새로운 수은은 최후에는 비를 통해서 바다로 떨어집니다. 동물성 플랑크톤과 같이 먹이 사슬의 최하위에 위치한 동물이 수은을 섭취하게 되면 수은이 그 몸속에 남아있게 됩니다. 그리고 포식자가 이 동물성 플랑크톤을 먹어 치우면 그 포식자 몸속에 남게 되겠죠. 하지만 이 포식자는 수많은 동물성 플랑크톤을 먹기 때문에 몸안의 수은량이 점점 늘어납니다. 이를 생물 축적(우연하게도, 이것은 제가 키우는 동물성 플랑크톤의 이름과 같아요)이라고 부르는데, 먹이 사슬의 꼭대기에 있는 참치에게까지 이르게 되지요.

참치는 상당한 양의 축적된 수은을 함유하고 있는데, 참치 샌드위치 하나를 먹게 되면 약 50µg의 수은을 섭취하는 것이 됩니다. 하루에 참치 샌드위치 하나를 먹는 것과 동일한 양에 노출되려면, 모든 치아에 충전재를 넣어야 합니다. 아니면 700개의 전구를 깨뜨리던가요. 이 노출 수준에는 알려진 건강상의 영향은 없습니다. 하지만 전구를 모두 깨뜨리고 난 뒤 여기서 말한 포인트를 증명하겠다고 여기저기 부딪히다 보면 다칠 수는 있겠네요.

그리고 마지막 이상한 반전으로, 구식 백열전구는 사실 에너지 절약형 전구보다 더 많은 수은을 방출합니다. 구식 전구에는 수은이 들어있지 않음에도 불구하고, 석탄을 태워 생성된 더 많은 전기를 사용함으로써 결과적으로 수은을 방출하게 되는 셈이 됩니다. 두 가지 타입의 전구 에너지 소비량 차이를 보면 백열등이 훨씬 더 나쁜 가해자라는 것을 알 수 있습니다.

이 모든 것은 우리의 치아와 집안에 있는 수은이 그렇게 위험하지 않다는 것을 말해줍니다. 그게 아니면 우리는 참치 샌드위치 때문에 이미 미쳐버렸지만, 그저 모르고 있는 거죠.

사실, 생각해보면, 사람들은 제가 편집증 증세가 있다고 해요.

직접 말하지는 않지만 그렇게 생각한다는 거 알고 있어요.

아메리슘이 되고 싶어요

'Festival of the Spoken Nerd' 활동을 하며, 우리는 행사장 화재경보기를 울리게 한 적이 몇 번 있답니다(150페이지에서 스티브의 '불타오르는 회전 쓰레기통' 섹션을 보세요).

여러분의 집에도 이러한 연기 탐지기가 하나쯤은 천장에 붙어있을 겁니다. 만일 없다면, 하나 장만하는 게 좋을 거예요... 그리고 만일 있다면, 저희를 도와주시는 셈 치고 배터리가 아직 남아있는지 알아보기 위해 한 번 찔러보세요. 그래 주실 거죠?

많은 연기 탐지기[H1] 중심부에는 원자로의 용광로 안에 형성되는 것과 같은 방사성 원소가 들어있습니다. 이는 원자폭탄을 개발하는 것으로 마무리가 되었던 제2차 세계대전 중에 미국 과학자들이 주력한 비밀 실험인 맨해튼 프로젝트의 부산물인데, 기본적으로 자연 세계에는 존재하지 않습니다. 1944년에 발견된 후 아메리카를 따서 아메리슘이라고 명명되었으며, 주기율표의 95번에 배열되었습니다. 이는 주기율표의 63번 바로 밑에 있는데, 그에 해당하는 원소는 마찬가지로 유럽대륙을 따서 '유로퓸'이라 명명되었지요.

아메리슘처럼 유로퓸도 희귀한 녀석이지만, 여러분이 모르는 사이에 지갑을 통해서 이미 집안에 몰래 들어와 있을지도 몰라요. 이 원소는 유로 지폐에 위조방지 무늬의 색을 입히는 데 사용되는데, 자외선 아래에서만 그 문양이 나타납니다. 멋지네요. 절묘하지요. 아메리슘과는 다르네요. 오 이런.

이 부드러운 은색의 금속은 안전 용품에 이상적이라는 하나의 특성이 있습니다. 아이러니하게도 그 특성은 지속해서 배출하는 방사선의 종류예요. 라듐처럼 추출하거나 만들어내기가 쉬운 다른 방사성 원소와는 다르게 아메리슘은 다른 것보다도 알파 입자 방사선을 많이 방출합니다.[H2]

[H1] 여러 종류의 탐지기들이 있어요. 어떤 것들은 이번 챕터에서 설명했듯이 이온화 방사선을 사용하는데, 부엌에 사용하기에는 너무 민감하다는 평가가 있죠. 집의 다른 곳에서 사용하기에는 적합할 수 있지만, 정기적으로 화장실에서 토스트를 태운다거나 한다면 또 모르죠.

[H2] 약간의 감마선이 방출되기도 하지만 건강에 해로운 정도는 아닙니다.

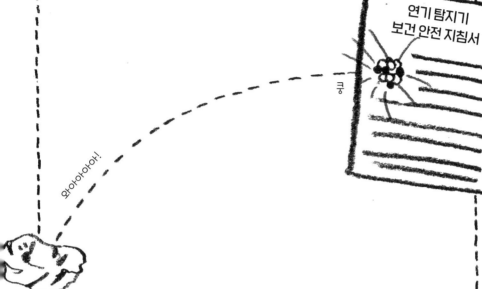

와아아아아아!

쿵

연기 탐지기
보건 안전 지침서

이 알파 입자들은 기본적으로 떠다니는 헬륨 원자핵과 같습니다. 2개의 중성자와 2개의 양성자가 붙어있는데, 너무 무겁기 때문에 멀리 이동하지는 못하며 종이 한 장으로도 쉽게 멈추게 할 수 있습니다. 집안에 방사선을 최소한으로 유지하는 데 도움이 되지요. 비록 연기 탐지기의 케이스가 종이보다는 덜 가연성인 재질로 만들어지기는 했지만요. 혹시 모르니까요.

이 갈팡질팡하는 알파 입자들은 가장 작은 연기 입자를 감지하는 데 도움을 줍니다. 작은 아메리슘 덩어리에서 나온 방사선은 방안의 공기에 개방된 탐지기 안의 공간인 이온화함을 지나가게 됩니다. 알파 입자들은 전하를 지니고 있기 때문에 이 공간을 지나 작고 지속적인 전류가 공기 중에 만들어집니다. 이온화함에 진입하는 연기 입자, 탄 토스트 입자, 스프레이식 데오드란트 입자, 특히나 방향이 제대로 된 재채기 같은 것들은 전류의 흐름을 방해합니다. 탐지기는 이러한 것들을 잘 잡아내어 경보를 울리게 됩니다. 멋지죠.

Fig. 1 옆집 이웃의 상태 : 친절함

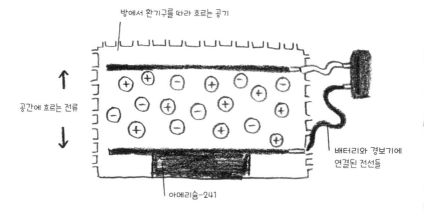

방에서 환기구를 따라 흐르는 공기

공간에 흐르는 전류

배터리와 경보기에 연결된 전선들

아메리슘-241

Fig. 2 옆집 이웃의 상태 : 미처 날뜀

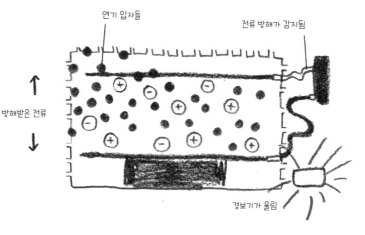

연기 입자들

전류 방해가 감지됨

방해받은 전류

경보기가 울림

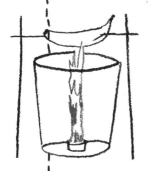

천장에 있는 방사성 아메리슘의 작은 상자에 대해서 걱정해야 할까요? 아니요. 한편으로는 모든 연기 탐지기가 이온화 방사선을 사용하는 것이 아니기 때문입니다. 어떤 탐지기는 광선을 사용해서 연기 입자들이 광선을 건드리면 경보가 울리게 하지요.

또 다른 한편으로는 바나나를 탐지기에 쑤셔 넣으면 더 높은 방사선량을 얻을 수 있겠지만, 그건 집안에 불이 나면 훨씬 덜 효과적인 방법이겠지요.

아르곤과 지구의 역사

수은은 형광 전구 안에 있는 유일한 가스는 아닙니다. 아르곤도 들어있지요. 아르곤은 많은 방면에서 수은과는 반대로 무해한 비활성 기체입니다.

아르곤은 주기율표의 다른 원소들과는 달라요. 규칙을 따르지 않지요. 주기율표상에서 원소들의 질량과 패턴을 자세히 살펴보면, 아르곤은 매우 눈에 두드러진다는 것을 알 수 있습니다. 그 이유로는 지구가 매우, 매우 오래되었다는 것에 있습니다.

원자의 질량은 대부분 그 양성자와 중성자(전자는 매우 가벼우니 무시해도 됩니다)로 알 수 있습니다. 양성자와 중성자는 같은 질량을 갖고 있으므로, 우리는 원자 질량이라고 불리는 유용한 단위를 만들어냈지요. 원자 질량을 계산하기 위해서는 양성자와 중성자의 숫자를 세기만 하면 됩니다. 예를 들어, 헬륨은 2개의 양성자와 2개의 중성자를 갖고 있으므로 원자 질량은 4가 됩니다(제가 아주 조금 간소화한 거니까 받아 적지는 마세요).

보통 원자는 양성자 하나당 중성자 하나를 갖지만, 절대적으로 적용되는 규칙은 아닙니다. 명백한 예외로는 수소가 있는데, 한 개의 양성자만 있고 중성자는 없거든요. 하지만 일반적으로 이 규칙은 주기율표에서 칼슘까지만 적용됩니다. 아래는 주기율표를 따라 각 원자 별로 양성자와 중성자의 숫자를 나타낸 그래프입니다.

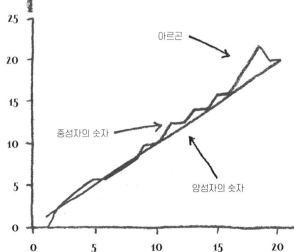

첫 번째로 보이는 것은 아르곤이 나머지들 사이에서 튀어나와 있다는 점이지요. 아르곤은 그다음 번호의 원소인 칼륨보다 사실 더 무겁습니다. 더 자세히 살펴보면 또 다른 이상한 점을 발견하게 될 거예요.

중성자의 숫자는 언제나 정수는 아닙니다. 어떻게 그럴 수가 있을까요? 원자에 중성자가 분수의 형태로 들어있나요? 정답은 별거 아닙니다. 원소들은 다른 숫자의 중성자를 가질 수 있어서 우리는 우리가 보는 것의 평균값을 냅니다. 예를 들자면, 탄소에는 보통 6개의 중성자가 있는데, 가끔 7개나 8개로 보이기도 해서 평균적으로 6.01개라고 합니다.

재미있는 것은, 아르곤은 이 규칙을 꽤 잘 따르곤 했으며 우주 다른 곳에서는 아직도 그렇다는 점입니다. 이 이상한 현상은 오직 지구에서만 나타나지요.

이건 아르곤이 만들어진 과정과 그 생산 방법이 지구에서는 다르기 때문입니다. 우주상 대부분의 아르곤은 별 안에서 일어나는 융합에서 만들어졌는데, 이 방법에서는 정확히 각 18개의 양성자와 중성자를 가지고 있는 아르곤을 만들어냅니다. 그러나 지구에서는 대부분의 아르곤이 방사성의 ~~바나나~~[H1] 칼륨이 붕괴하며 만들어지지요. 이 방법으로 만들어진 더 무거운 형태의 아르곤은 18개의 양성자와 22개의 중성자를 가지게 됩니다.

그러니 지구에는 태양에서 태어난 약간의 아르곤과 칼륨에서 만들어진 훨씬 더 많은 아르곤이 공기 중에 떠다닙니다. 사실 칼륨이 붕괴하여 만들어진 아르곤의 양은 꽤 많아서 아르곤은 우리가 숨 쉬는 공기 중에 세 번째로 풍부한 원소입니다.

하지만 이는 매우 느린 공정입니다. 방사성의 원소들은 각기 다른 속도로 붕괴하는데, 칼륨은 특히나 느립니다. 사실, 방사성의 칼륨 한 덩어리 안에 있는 원자의 반이 붕괴하는데 거의 10억 년의 시간이 걸립니다(그리고 그중 10%만이 아르곤으로 붕괴하고, 나머지는 칼슘으로 변합니다).

그러니 아르곤이 현재의 무게를 갖게 된 것은 방사성의 칼륨이 지구의 45억 년 역사 내내 붕괴해왔기 때문인 겁니다.

러시아 화학자인 드미트리 멘델레예프가 1860년도에 주기율표를 만들 때, 그는 먼저 원소들을 질량에 따라 나열했고, 그다음으로는 각 원소의 반복되는 패턴에 주목했습니다.

[H1] 더 자세한 내용은 109페이지를 보세요.

많은 경우에서 원소의 질량은 대략적인 추정치였으므로, 멘델레예프는 만일 무거운 원소를 가벼운 원소 앞에 위치시켜야 하는 패턴을 발견하게 되면 그 질량 값이 잘못된 것이라는 추정을 해야만 했습니다. 그는 아마도 아르곤과 칼륨의 질량 정보가 맞다는 사실을 알지 못해서 이 재미있는 작은 상황이 지구의 고대 역사의 비밀을 밝힌 결과가 되어버렸습니다.

이 원소는 '방안'이라는 정의를 광범위하게 하는데, 사실 방안에 여러분과 함께 있는 것이 아니기 때문입니다. 하지만 이것 없이는 방안에서 할 수 있는 많은 일을 하지 못할 거예요. 텔레비전을 본다던가 핸드폰으로 연락을 하는 것, 그리고 인터넷을 사용하는 것 등등 말이에요.

우리가 누리고 있는 모든 기술은 작동하기 위해 매우 중요한 한 가지의 질문에 대한 답이 필요합니다. 이 답은 그저 맞기만 하면 되는게 아닙니다. 이 답은 지구상의 어느 곳에서나, 그리고 우주밖에서도 한치의 오차 없이 정확히 맞아야 하는 거예요.

그 질문은 바로 이거예요. : 1초가 얼마나 긴 것일까요?

처음 생각한 것보다 훨씬 더 답하기 어려울 겁니다.[S1]

지구의 자전의 길이를 재어 그것을 24로 나눈 다음 60으로 나누고, 또 그것을 60으로 나누어 1초의 시간을 계산하던 시대는 지나갔습니다. 비록 그것이 꽤 옳은 정의이기는 해도 말이죠. 만일 여러분이 한 날의 정확한 정오와 그다음 날의 정확한 정오의 차이 시간을 재는 것을 몇백 날 동안 반복하여 그 '평균 태양일'을 사용해서 1초를 계산한다면, 아마도 천 분의 1밀리초 정도의 차이가 나는 것을 알게 될 거예요. 최대로 말이죠.

하지만 만일 지구의 평균 자전 속도가 미래에 변하기라도 한다면요? 우리의 계산이 완전히 잘못된 것이 되겠지요. 이건 그저 이론적인 문제가 아닙니다. 평균

[S1] 더 흔히 알려진 1초에 대한 정의는 스펠링이 틀린 트윗 하나를 보낸 후 누군가가 그것에 대해 코멘트하는데 걸린 시간이지요.

태양일은 달과 지구와 조수의 상호 작용에 감사하게도 점차 길어지고 있어요. 많지는 않지만 다른 해결책을 찾아야 할 만큼이요. 더 믿을만하고 더 본질적이고 더... 기본적인(혹은 원소적인) 방법이 필요해요.

문제는 시간에 대한 다른 정의를 따르게 되면 발생합니다. 증권거래소에서 마이크로초 차이는 몇백만 파운드의 거래에 영향을 미칩니다. GPS는 지상의 장치와 우주의 위성 장치 사이의 완전한 시간 협동에 의지하는데, 그게 잘못되면 우리는 말 그대로 길을 잃어버리게 되지요.

1840년대에 영국 브리튼에서는, 국토를 횡단하는 서비스를 제공하는 새로운 국가 철도망이 국내에 도입되고 나서야 사람들은 같은 시간대에 있다는 것이 중요하다는 사실을 깨달았습니다. 그때까지는 각 도시가 각자의 해시계에 따라 시간을 정하는 데에 아무런 문제가 없었습니다. 옥스퍼드 시의 시간은 그리니치 표준시보다 5분이 늦었습니다. 런던의 서쪽이 아니라 동쪽에 있는 노리치는 몇 분이 더 이른 시간을 택했습니다. 브리스톨의 시계들은 수도의 시간보다 꼬박 10분 늦게 종을 쳤습니다. 선로와 기차 망이 전국에 생기면서, 도시별로 다른 시간을 사용하는 것은 시간표의 '대혼란'을 가져온다는 것과 더 위험하게는 진짜 철도 사고로 이어질 수 있다는 게 분명해졌지요. 그래서 모든 사람들은 런던의 시간을 사용하게 되었습니다. 브리스톨만은 예외였는데, 1852년까지 모든 시계에 공식적인 '철도 시간'과 브리스톨 시간 두 가지를 적용하여 사용하였습니다.

이제 방안에 대용물로 있는 이 원소의 역할에 대해 이야기 해볼까요... 바로 세슘 시계로요!

'세슘 시계'라는 단어는 실제 벌어지는 일을 생각하면 좋은 표현이 아니에요. 나트륨이나 리튬과 비슷한 성질을 가진 이 변덕스러운 금속은 물에 닿으면 폭발하거든요.

세슘의 메커니즘과 장비를 결합한 시계 케이스를 만들 수 있겠지만, 적어도 권장하지 않는다고 말하고 싶네요.

그 대신에, 1955년에 처음으로 정확한 세슘 시계를 만들어낸 런던 테딩턴의

타임 로드

국립 물리학 연구소
햄프턴 로
테딩턴

국립 물리학 연구소(NPL)의 과학자들에게 가 볼까요. 아직도 그들은 영국의 세슘 시계를 유지하고 있답니다. 국가적으로 우리의 시간관념을 정의하고 직업은 말 그대로 타임 로드(시간을 지배하는 자)로 알려져 있습니다. 세상 멋진 명함이죠.

1967년 이래로, 1초는 '세슘-133원자의 기저 상태에 있는 두 초미세분위간의 전이에 대응하는 복사선의 9,192,631,770주기의 지속 시간'으로 정의하고 있습니다.

갈리프레이어('닥터 후'의 시간 여행 외계인 '타임 로드'들이 쓰는 언어)를 번역해보면, 이는 높은 파워의 레이저 다발을 사용하여 세슘 방울을 절대영도보다 높은 온도로 세슘 방울을 식혀서 우주의 가능한 최저 온도에 있도록 한다는 것입니다.

그런 다음 또 다른 레이저 다발로 이 세슘 원자들을 공기 중 저 멀리 보내어 마치 분수처럼 떨어지게 하는데, 헷갈리게도 이 분수는 물이 전혀 들어있지 않은 엄청나게 차가운 금속으로 되어 있지요.[H1]

우리의 용감한 타임 로드들은 마이크로파를 이 떨어지는 원자들을 향해 쏘아 두 다른 에너지 상태를 이동할 수 있게 했습니다. 이렇게 세슘이 이동하는 시간은 믿을 수 없이 정확하게 측정된다는 사실이 밝혀졌습니다. NPL의 시계는 1억 5천8백만 년 동안 단 1초의 차이 없이 시간을 알려줄 수가 있습니다. 거기에서 멈추지 않아요... 다음 세대의 원자시계는 훨씬 더 정확하게 측정 가능한 원소인 스트론튬과 이테르븀을 사용하니까요. 이 금속들의 에너지 이동 상태를 측정하면 140억 년 동안 1초의 오차만 생길 겁니다. 그건 우주가 이제껏 있었던 시간보다 더 긴 시간이지요. 맙소사, 타임 로드들은 정말 대단하군요.

[H1] 감사하게도요. 세슘이 물에 있을 때 나타나는 성질에 대해 앞에 나온 정보를 보세요.

이 이야기에는 교훈이 있습니다. 여러분이 지구에서 누리는 짧은 시간은 우리의 단순한 휴머노이드(인간과 비슷한 기계 또는 존재) 뇌가 간신히 이해할 수 있는 정도의 정확함으로 측정되고 있다는 사실이죠.

그러니 낭비하지 마세요.
여러분의 원자 시계를 즐기세요.
세슘을 붙잡으세요!

사라져버린 - 슘들

2016년 11월 28일에 저는 제 인생의 가장 큰 야망이 절대로 이루어질 수 없을 것이라는 사실을 마주해야만 했습니다. 그때까지만 해도 공식적으로 이름이 없었던 가장 최근에 발견된 4개의 원소에 마침내 공식적인 이름이 정해졌고, 그중 어느 것도 헬렌아르늄이라고 불리게 되지 않았지요. 얄미운 스티브몰든이라는 이름도 없었고요.

IUPAC[H1]은 이들 중 3개의 원소에 대해서는 발견된 장소를 따서 이름을 지어주기로 했는데 바로 일본을 따서 명명한 니호늄(Nh), 모스크바를 따서 명명한 모스코븀(Mc), 테네시를 따서 명명한 테네씬(Ts)이고, 나머지 하나는 인공원소창조의 아버지인 유리 오가네시안의 이름을 따서 오가네손(Og)으로 명명하였습니다.

됐네요! 새로운 저질 원소에 내 이름이 붙여지기를 원하지도 않았어요!

알겠어요, 저질은 잘못된 단어 선택이네요. 하지만 사실 그게 최선이라고 생각해요. 이 원소 중 몇몇은 원자 한 움큼으로밖에 존재하지 않아요. 어떤 것들은 몇 분의 1초 동안만 존재하지요. 이 중 어느 것도 유용하게 쓰이지도 않아요. 다시 생각해보니 유리와 그 외 같은 이름을 써도 되겠네요.

대신 주기율표상에 이미 존재하는 원소로 제 이름을 써보는 거로 만족할래요.

[H1] 국제순수/응용화학연합을 가리키는 겁니다. 그들은 원소의 이름을 지정할 수가 있지요. 제 말은, 다른 많은 일도 하겠지만 제가 아는 바로는 그게 그들의 주 역할입니다.

원소 주기율표

원자 번호 → 1
원소 기호 → **H**
원소 이름 → 수소
원자량 → 1.008

1 IA	2 IIA	3 IIIB	4 IVB	5 VB	6 VIB	7 VIIB	8 VIIIB	9 VIIIB	10 VIIIB	11 IB	12 IIB	13 IIIA	14 IVA	15 VA	16 VIA	17 VIIA	18 VIIIA
1 **H** 수소 1.008																	2 **He** 헬륨 4.002602
3 **Li** 리튬 6.94	4 **Be** 베릴륨 9.0121831											5 **B** 붕소 10.81	6 **C** 탄소 12.011	7 **N** 질소 14.007	8 **O** 산소 15.999	9 **F** 플루오린 18.998403163	10 **Ne** 네온 20.1797
11 **Na** 소듐 22.98976928	12 **Mg** 마그네슘 24.305											13 **Al** 알루미늄 26.9815385	14 **Si** 규소 28.085	15 **P** 인 30.973761998	16 **S** 황 32.06	17 **Cl** 염소 35.45	18 **Ar** 아르곤 39.948
19 **K** 포타슘 39.0983	20 **Ca** 칼슘 40.078	21 **Sc** 스칸듐 44.955908	22 **Ti** 타이타늄 47.867	23 **V** 바나듐 50.9415	24 **Cr** 크로뮴 51.9961	25 **Mn** 망가니즈 54.938044	26 **Fe** 철 55.845	27 **Co** 코발트 58.933194	28 **Ni** 니켈 58.6934	29 **Cu** 구리 63.546	30 **Zn** 아연 65.38	31 **Ga** 갈륨 69.723	32 **Ge** 저마늄 72.630	33 **As** 비소 74.921595	34 **Se** 셀레늄 78.971	35 **Br** 브로민 79.904	36 **Kr** 크립톤 83.798
37 **Rb** 루비듐 85.4678	38 **Sr** 스트론튬 87.62	39 **Y** 이트륨 88.90584	40 **Zr** 지르코늄 91.224	41 **Nb** 나이오븀 92.90637	42 **Mo** 몰리브데넘 95.95	43 **Tc** 테크네튬 (98)	44 **Ru** 루테늄 101.07	45 **Rh** 로듐 102.90550	46 **Pd** 팔라듐 106.42	47 **Ag** 은 107.8682	48 **Cd** 카드뮴 112.414	49 **In** 인듐 114.818	50 **Sn** 주석 118.710	51 **Sb** 안티모니 121.760	52 **Te** 텔루륨 127.60	53 **I** 아이오딘 126.90447	54 **Xe** 제논 131.293
55 **Cs** 세슘 132.90545196	56 **Ba** 바륨 137.327	57 - 71 란타넘족	72 **Hf** 하프늄 178.49	73 **Ta** 탄탈럼 180.94788	74 **W** 텅스텐 183.84	75 **Re** 레늄 186.207	76 **Os** 오스뮴 190.23	77 **Ir** 이리듐 192.217	78 **Pt** 백금 195.084	79 **Au** 금 196.966569	80 **Hg** 수은 200.592	81 **Tl** 탈륨 204.38	82 **Pb** 납 207.2	83 **Bi** 비스무트 208.98040	84 **Po** 폴로늄 (209)	85 **At** 아스타틴 (210)	86 **Rn** 라돈 (222)
87 **Fr** 프랑슘 (223)	88 **Ra** 라듐 (226)	89 - 103 악티늄족	104 **Rf** 러더포듐 (267)	105 **Db** 더브늄 (268)	106 **Sg** 시보귬 (269)	107 **Bh** 보륨 (270)	108 **Hs** 하슘 (269)	109 **Mt** 마이트너륨 (278)	110 **Ds** 다름슈타튬 (281)	111 **Rg** 뢴트게늄 (282)	112 **Cn** 코페르니슘 (285)	113 **Nh** 니호늄 (286)	114 **Fl** 플레로븀 (289)	115 **Mc** 모스코븀 (289)	116 **Lv** 리버모륨 (293)	117 **Ts** 테네신 (294)	118 **Og** 오가네손 (294)

57 **La** 란타넘 138.90547	58 **Ce** 세륨 140.116	59 **Pr** 프라세오디뮴 140.90766	60 **Nd** 네오디뮴 144.242	61 **Pm** 프로메튬 (145)	62 **Sm** 사마륨 150.36	63 **Eu** 유로퓸 151.964	64 **Gd** 가돌리늄 157.25	65 **Tb** 터븀 158.92535	66 **Dy** 디스프로슘 162.500	67 **Ho** 홀뮴 164.93033	68 **Er** 어븀 167.259	69 **Tm** 툴륨 168.93422	70 **Yb** 이터븀 173.045	71 **Lu** 루테튬 174.9668
89 **Ac** 악티늄 (227)	90 **Th** 토륨 232.0377	91 **Pa** 프로트악티늄 231.03588	92 **U** 우라늄 238.02891	93 **Np** 넵투늄 (237)	94 **Pu** 플루토늄 (244)	95 **Am** 아메리슘 (243)	96 **Cm** 퀴륨 (247)	97 **Bk** 버클륨 (247)	98 **Cf** 캘리포늄 (251)	99 **Es** 아인슈타이늄 (252)	100 **Fm** 페르뮴 (257)	101 **Md** 멘델레븀 (258)	102 **No** 노벨륨 (259)	103 **Lr** 로렌슘 (266)

아.

친애하는 멘델레예프 씨,

여기 문제가 있어요.

헨 아니

He ² 헬륨	N ⁷ 질소		Ar ¹⁸ 아르곤	Ne ¹⁰ 네온	Y ³⁹ 이트륨

제기랄 IUPAC 같으니라고! 알파벳 정리 좀 하세요! 이걸 어떻게 샤워 커튼에 프린팅하라는 거예요!

최소한 스티브 것만큼 나쁘진 않네요. :

S ¹⁶ 황	Te ⁵² 텔루륨	V ²³ 바나듐		Mo ⁴² 몰리브데넘	U ⁹² 우라늄

이건 또 대체 뭐죠?

Fe ²⁶ 철	S ¹⁶ 황	Ti ²² 타이타늄	V ²³ 바나듐	Al ¹³ 알루미늄	O ⁸ 산소	F ⁹ 플루오린	Th ⁹⁰ 토륨	S ¹⁶ 황	Po ⁸⁴ 폴로늄	K ¹⁹ 포타슘/칼륨	N ⁷ 질소	Ne ¹⁰ 네온

문제는 이거예요. 주기율표에는 118개의 원소가 있는데, 우리 모두가 다 알고 사랑하며 가끔 이들에 대해 노래를 부르기도 하지요.[H1]

하지만 그 118개의 이름 중 어떤 것들은 지금 다른 이름으로 바뀌었을 수도 있었어요. IUPAC이 새로 발견된 네 개의 원소들을 가치 있다고 인정하는 데에는 2004년에 니호늄이 반박의 여지 없이 처음 발견되었을 때로부터 12년이 걸렸습니다.

그 원소를 만들어낸 팀이 공식적으로 제안한 이름과 그 외 지구상의 모든 사람

[H1] 제 유튜브 채널에서 새 원소들이 다 포함된 톰 레러의 '더 엘러먼츠' 풀버전을 확인하세요. 화학 괴짜들!

들[H1]이 비공식적으로 제안한 이름 중에서 진짜 이름을 갖기까지는 그 후로도 1년의 세월이 더 걸렸습니다.

가장 최근의 네 원소의 이름을 짓는 것은 1960년대부터 이른 1990년대까지 시끌벅적하게 원소의 이름을 짓는 일보다는 비교적 쉬웠습니다. 페르뮴(번호 100)에서 시작하여 그다음 번호의 원소들에 이름을 부여하는 초페르뮴 전쟁이라 불린 시기였습니다. 제2차 세계대전 후의 냉전은 전 세계의 과학자들, 특히 서독, 러시아, 그리고 미국의 핵물리학 연구소의 과학자들이 같이 일하지 않고 각자 따로 어떻게 하면 더 창의적인 방법으로 서로를 놀라게 해줄 새로운 원소들을 발견할지에 대한 경주를 의미했습니다. 아, 그들은 이 새로운 원소들을 사용하는 다른 방법들을 찾고 있었는데, 가장 많은 자금지원을 한 군사 연구에 치중되었죠.

원소의 이름을 짓는 광야의 세월에 일어났던 일은 특별한 순서 없이 이렇습니다.

* 목을 가다듬은 후, 깊은숨을 쉰다.*

미국인들은 화학자 글렌 T 시보그의 이름을 따서 시보귬(Sg)을 106번 원소로 정했습니다. 유감스럽게도 그 이름은 채택되지 않았는데 이는 중요한 전통을 따르지 않았기 때문이지요. 시보그는 당시 아직 살아있었습니다.[H2]

다음으로 넘어가 볼까요. 105번 원소에 대해 러시아에서는 덴마크 물리학자인 닐스 보어의 이름을 따서 닐스보륨(Ns)라 명명하였고, 미국에서는 독일 화학자인 오토 한의 이름을 따서 하늄(Ha)으로 명명하고자 하였습니다. 이는 108번 원소의 이름으로도 제안되었으나, 최종적으로 108번 원소는 듣기에 비슷한 독일의 주인 헤세를 따서 하슘(Hs)으로 최종 명명되었습니다.

제길. 제 이름의 이니셜이 원소에 있을 수 있었는데 말이죠! 다른 이야기들이 더 많이 있어요... 잘 따라오고 있죠?

절충책으로, IUPAC는 105번 원소를 마리 퀴리의 딸과 사위로 이루어진 원소

[H1] 제가 제시한 헬렌아르늄(Ha)는 절대 가능성이 없었지만. 온라인 청원에서는 새로운 원소 중 하나의 이름을 이 새로운 발견이 공식적으로 인정된 바로 후에 슬프게도 사망한 모터헤드(영국의 헤비메탈 그룹)의 리더인 이안 '레미' 킬미스터의 이름을 따서 '레뮴'으로 짓자고 하였습니다. 말은 되네요. 레미는 헤비메탈(해석하면 무거운 금속이 됨)의 주자였으니까요. 지난번에 제가 확인했을 때는 157,185개의 서명이 있었지만 IUPAC는 전혀 감화되지 않았어요.

[H2] 흠... 원소에 제 이름을 붙이는 건 이제 그다지 매력적이지 않네요. 이런 시련을 겪어야 한다니 말이에요.

129

헌터 팀인 졸리오-퀴리의 이름을 따서 조리오튬(JI)을 제안하였습니다. 이 제안들은 모두 받아들여지지 않았으며 105번 원소는 두브나에 있는 러시아 연구 센터의 이름을 따서 더브늄(Db)으로 명명되었습니다.

한때 더브늄은 104번 원소의 이름으로도 제안되었으나, 러시아인들은 그 원소를 자기 나라 사람인 이고르 쿠르차토프의 이름을 따서 쿠르차토븀(Ku)으로 부르기를 원했지요.

한편, 러더포듐(Rf)은 러시아에서 103번 원소에 붙이려던 이름이었는데, 같은 이름을 미국에서 먼저 104번 원소에 사용하자고 했습니다. IUPAC는 대신 완전히 다른 106번 원소에 그 이름을 쓰자고 제안하였는데, 처음으로 원자의 구조를 설명한 뉴질랜드 출생 영국 물리학자 어니스트 러더퍼드의 이름을 딴 것이었습니다.

현실적인 타협책으로 104번 원소는 러더포듐이라는 이름을 갖게 되었고, 103번은 로렌슘, 또는 Lr이 되었습니다. 이전에는 Lw로도 알려져 있던 이 원소는 많은 인공 원소들을 만들어낸 원형 입자가속기의 발명가 미국인 어니스트 로렌스의 이름을 따서 명명하였습니다. 106번 원소는 글렌이 아직 팔팔하게 살아있음에도 불구하고 결국 시보귬으로 명명되었지요.

102번 원소의 이름으로는 노벨륨(No), 조리오튬, 그리고 플레로븀(Fo)으로 제안되었습니다. '아니요(Noes)' 팀이 이겨서 노벨륨, 또는 '아니요(No)'로 명명되었지요. 자, 힘내요!

그 후에 어떤 밝은 빛에서부터 플레로븀이 만들어졌는데, 러시아 플레로프 실험실을 기려서 114번 원소의 이름에 사용되었습니다. 앞으로 할 얘기가 많으니 이 이야기는 넘어갑시다.

오토 한의 하늄은 110번 원소의 이름으로 사용하는 데 있어 프랑스 물리학자인 앙리 베크렐의 베크렐륨(Bc)와 함께 심사에 올랐는데, 결국에는 다름슈타트시의 다름슈타튬(Ds)이 원소 이름으로 결정되었습니다.

105번의 닐스보륨은 107번으로 거의 재등장했는데, 자신의 반을 잃어버리고 나서(이름의 반이지 원소의 반이 아니에요.) 보륨(Bh)으로 명명되었습니다. 이걸 다 외우고 있으리라고 믿어요. 마지막에 시험이 있거든요...

초페르늄 원소 중 제가 가장 좋아하는 원소는 아마도 109번 일 거예요. 한때는 3번이나 거절당한 하늄으로 이름이 제안되기도 했었죠. 결국, 109번은 남성 중심의 과학 분야를 뒤흔든 여성 핵물리학자 중 한 명을 기려서 마이트너륨(Mt)으로 명명되었죠. 그녀의 이름은 리제 마이트너이며, 그녀의 획기적인 핵분열 공로가 1944년 노벨화학상 부문에 오르지 않은 것은 지금까지도 희화화되고 있습니다.

그럼 누가 그해에 노벨상을 받았는지 궁금하다고요?

맞습니다. 바로 오토 한이에요. 105번 원소의 이름을 거의 차지할 뻔한 걸로 유명한 사람이죠. 108번, 109번, 110번에도 한의 이름이 오를 뻔했죠.

한은 금메달에 이름을 새겼을지 몰라도, 마이트너는 주기율표에 자신의 이름을 올렸지요. 전 그걸 1대 0으로 마이트너가 이겼다고 말하겠어요.

어쩌면 평행 우주에서는 하늄이 이겨서 제 이름 이니셜이 진짜 원소가 되었을 수 있겠죠! 하지만 그 세계에서는 리제 마이트너는 아무것도 가질 수 없었을 거예요.[S1] 전 그냥 지금 현실에 만족할래요.

리제 마이트너, 핵물리학자이자 프로페셔널한 멋진 사람.

[S1] 이걸 말하는 게 도움이 될지 모르겠지만 이미 진짜 주기율표에는 내 이니셜이 있어요. 바로 사마륨(Sm)으로요. 아니에요? 도움이 안 돼요? 뭐 알겠어요. 거절된 이름 중 바스타튬(bastard, 또라이라는 뜻에서 나옴)은 언급할 만하지요? 아니라고요? 진짜요? 이런 바스타튬 같으니…

실험에 관한 모든 것

가장 뜨뜻미지근한 파티일지라도 적절한 과학이 더해진다면 구제할 수 있습니다. 이번 챕터에 나와 있는 간단한 설명을 차근차근히 따라 하며 손님들과 함께 밤새도록 실험해보세요. 오직 필요한 것은 집안에 여기저기 놓여있는 잡동사니들과 억누를 수 없는 대담한 행동들이죠.

우리 괴짜들은 참여할 파티를 그리 까다롭게 고르지 않아서 봉투를 여는 것조차도 이불 밑에서 빛이 나는 실험으로 이어질 수 있습니다.

회전하는 불꽃과 연기 고리를 사용해 무드 등을 업그레이드시키는 방법, 과학 칵테일을 사용해 어색함을 날려버리는 법, 무작위 대조 시험을 통해 방안의 웅성거림을 정확하게 측정하는 방법까지 알려줄게요.

하지만 우선 1799년에 조지 왕조 시대 사람들이 했던 것처럼 불꽃과 충격을 동반한 파티를 열어볼까요.

마이 리틀 물리학 실험

사람들은 가끔 제가 어떻게 과학에 입문하게 되었는지 물어봅니다. 조금 부끄럽지만 해부학적으로 보았을 때 기형이어도 모든 사람이 좋아하는 플라스틱 망아지 인형인 마이 리틀 포니 덕분이라고 답하죠.

자, 설명할게요. 7살 난 어린이가 가지고 있던 애장품 중에는 100% 순수 폴리에스터로 만들어진 선정적인 핑크빛의 마이 리틀 포니 잠옷이 있었어요. 섣불리 판단하지 마세요. 1980년대의 일이니까요. 당시에 모든 것들은 폴리에스터로 만들어졌지요.

이 잠옷은 지금 어른이 된 제가 보기에는 경악할 정도로 독특한 복장이었어요. 그건 8살일 때의 저도 경악하게 만들 정도로 충격적인 패션이었죠. 하지만 그 당시에 그런 건 중요하지 않았어요. 왜냐하면 이 잠옷은 옷 그 이상이었거든요. 그것은 과학을 위한... 도구였어요!

어리고 호기심 많은 괴짜였던 저는 밤에 이불 속으로 기어들어 갈 때 뭔가 이상한 점을 발견했어요. 이 말 모양의 커다란 의복을 입을 때마다 이불 아래 어두운 곳에서 약간의 움직임에도 작은 불빛과 틱틱거리는 작은 소리가 났거든요. 분명하게도 저는 그게 물리학의 한 종류인지 몰랐던 거죠. 그저 불빛은 마이 리틀 포니의 마술인 줄로만 알았습니다.

하지만 아니에요, 그건 바로 정전기였죠. 차 문에 손이 닿을 때 받는 작은 충격이라든지, 풍선이 고양이에 붙어 재미있는 결과를 가져온다든지, 전자들이 그들의 궤도에서 떨어져 나와 물체의 표면에 뭉쳐져 무언가로 인해 우연히도 혹은 고의로든 바깥으로 떨어지게 하는 것 말이에요. 대부분의 사람이 더 이상 과학이라고 여기지 않을 만큼 평범하고 매일매일 벌어지는 일들 말이죠.

하지만 7살의 저로서는 정전기를 발견한 것이 삶을 형성하는데 중요한 경험이 되었습니다. 그 궁금증이 저를 과학으로 이끌었으니 마이 리틀 포니에게 고맙다고 말하고 싶어요. 아이들의 땀나는 폴리에스터 잠옷의 용도임에도 불구하고 이불 아래에서 전기를 만들어내는데 완벽한 장비가 되기도 하는군요.

비록 더 나이를 먹고 나서 이것이 사람과의 관계에서는 완전 반대의 효과를 준다는 것을 알게 되었지만요...

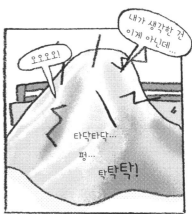

지난날의 정전기 파티들

저의 초기 실험들은 가장 높은 전압을 동반한 실험 중 최초는 아니었습니다. 1700년도에 전기 파티들은 매우 유명했지요. 어떤 사람들은 집에서 직접 만든 기계 장치들을 사용해서 정전기를 만들어내었는데 유리구슬을 모직 옷에 문질러서 책 페이지를 건드리지 않고 넘긴다든지 혹은 공기 중에 가짜 거미들이 춤추는 것처럼 보이게 한다든지 하는 경악스러운 장난들을 했어요... 우...

다른 더 엉뚱한 이벤트에는 살아있는 전기 뱀장어까지 등장했어요. 손님들이 서로 손을 잡고 있는 상태에서, 제일 불행한 파티 손님이 손가락을 뱀장어가 들어 있는 수조에 집어넣어 모두에게 전기를 통하게 했지요. 어쩌면 이게 파티에서 누구나 좋아하는 '콩거(붕장어) 라인' 댄스의 시초일지도 몰라요.[S1]

[S1] 아니에요. 그리고 어쨌든 그건 '콩가 라인(쿠바 카니발 댄스에서 유래한 댄스. 댄서들은 길게 줄 서서 원을 만들고 3가지 스텝을 이용해 춤을 춘다)'이에요.

전구 하나를 갈아 끼우려면 얼마나 많은 수도사가 필요할까요?

1746년의 실험에 따르면, 약 200명이요.[H1] 다만 그들이 실제로 전구를 갈아 끼우는 것은 아니고 원시적인 인간 파워 케이블을 만드는 데 사용되지요. 부업은 과학자이자 주업은 파리의 카르투시안 수도원장인 장 앙투안 놀레는 200명 가량의 형제들을 설득하여 8m의 철사를 각자의 손에 잡도록 했습니다. 이미 이 시점에서 골칫거리가 생길 거라는 것을 짐작했었겠지만, 그들은 시키는 대로 줄서서 철사를 잡아 1마일 이상의 줄을 만들었습니다.

놀레는 첫 번째 수도사에게 강력한 정전기를 보내었습니다. 거의 동시에 고통의 경련과 비명이 그 철사 선을 따라 이어졌지요. 수도사들은 인간이 들고 옮기는 것보다 더 빠른 속도로 전기를 이용해 메시지를 먼 거리에 전달할 수 있다는 것을 입증한 셈이었습니다. 이는 미래에 전기 전신기를 발명하는 데 도움이 되었죠. 불행하게도 놀레가 당시에 전달할 수 있던 메시지는 오직 '아악!' 뿐이었습니다.

온몸의 전기

전기 파티는 1800년대에도 이어졌습니다. 기술이 발전됨에 따라 장어-전기와 수도사-철사에 대한 의존은 점차 잊혀갔고 정전기를 저장하고 이동하는 더 믿을 만한 방법으로 대체되었습니다. 영국의 과학 기구 제작자인 존 커스버슨은 1821년에 실제적인 전력과 직류 전기(Practical Electricity and Galvanism)라는 책을 출판하여 그의 전기 만들기 DIY 과학 키트의 판매량을 늘리고자 했습니다. 여기에는 어떻게 '환자로부터 전기 아우라를 끌어내는지'[H2]에 대한 것뿐만 아니라 파티에 참가한 한 여성을 정전기로 온몸을 감싸게 한 뒤 절연처리가 된 의자에 서 있도록 하는 '전기 비너스'와 같은 파티 트릭들을 수행할 수 있는 단계별 가이드가 포함되어 있습니다. 신사들은 그녀에게 키스하도록 초대되는데, 구혼자들이 성공하기 위해 다가올 때마다 작은 불꽃들

[H1] 일부 이야기에서는 700명의 수도사가 참여했다고 하지만, 단순히 수도사들의 수를 더하는 것으로 달라지는 건 없습니다.

[H2] 1820년대 초반에, 전기는 통풍에서부터 실명, 물에 빠진 사람을 회복시키는 등 거의 모든 질병의 치료 약으로 여겨졌습니다. 비뇨생식기 감염조차도 치유하였는데 다행히도 환부에 직접 적용하지는 않았습니다.

이 여기저기에 튀므로 이 친구들은 키스에 녹아버리는 대신에 수염을 녹아버리게 하지요.

밴 더 그래프 정전 발전기와 비슷한 물건을 일반적인 허리받이(스커트 뒷자락을 부풀게 하는 것)와 크리놀린(과거 여자들이 치마를 불룩하게 보이게 하기 위해 안에 입던 틀) 안에 완전히 숨길 수 있도록 해준 당시의 패션에 경의를 표합니다.

다만 누군가가 윙윙거리는 소리를 알아챘을지도요…?

여기서 누군가가
틴더를 발명할 때까지
얼마나 기다려야 하죠?

정전기 파티를 주최하는 방법

그럼 파티에 에너지를 더해주려면 말 그대로 '전기를 쓰는 것' 말고 어떤 실험을 할 수 있을까요?

1단계
고무풍선을 준비하세요. 모양이나 색은 중요하지 않아요. 이미 파티 중이라면, 거기 어딘가에 이미 굴러다니고 있겠죠.

2단계
에너지 절약형 형광 전구를 준비하세요. 모양이 꽤 중요해요.
부엌 캐비닛용 형광등과 나선형 형광 전구가 가장 좋아요.

3단계
모든 불을 끄거나 두꺼운 이불 아래에 숨으세요. 파티 중이니 재미를 위해서 이미 하고 있겠지만 말이죠. 그렇죠? 제가 가는 파티들은 그러더라고요. 정전기 실험의 효과를 보기 위해 낮은 불빛에 눈이 익숙해지도록 어둠 속에서 조금 기다려야 할 수 있습니다. 10분 정도면 돼요. 3~4일은 너무 길지도 몰라요.

4단계
길고 깨끗한 털, 솜털 점퍼, 나일론 카펫, 지나가는 고양이 또는 여러분이 일곱 살 때부터 다락방의 비밀 상자에 보관하고 있던 어린이용 마이 리틀 포니 잠옷 등에 풍선을 격렬히 문지르세요. 지금 여러분이 하는 건 많은 양의 보너스 전자들을 풍선 표면에 가두어 마이너스 정전기를 '충전'하는 것입니다. 풍선의 고무는 훌륭한 전기 절연체이므로 전자들을 가둬서 도망가지 못하게 하지요... 적어도 지금은 말이죠...

5단계
만약 당신이 파티에서 지나치게 따지고 드는 사람이라면, 지금 아무 일도 일어나지 않고 있다는 것을 눈치챘을 겁니다.
풍선을 불고 4단계를 다시 해보세요.

6단계
풍선이 완전히 '충전되면' 형광 전구[H1]의 튜브 가운데에 천천히 갖다 대세요. 풍선에 갇혀있던 전자들은 전구로 빠르게 옮겨가는데 작은 틱틱거리는 소리와 펑하는 소리를 동반합니다. 움직이는 전자들의 흐름이 있는 곳 어디에서나 전류가 흐르지요... 그리고 그 전류는 아주 짧은 시간 동안 전구가 켜지게 합니다.

짜잔! 여러분의 정전기 파티가 시작됐어요!

[H1] 전구를 전원에 연결하지 마세요. 그건 명백한 부정행위에요.

당신을 초대장 개봉식에
정중히 초대합니다.

버릴 편지 봉투를 들고 어두운 곳으로 가세요(다시, 이불 아래 같은 곳이요).
봉투 끝의 접착된 부분을 조금 찢어 그사이를 보세요. 이제 계속 찢어보세요.
접착제에서 나온 파란 빛의 얇은 선을 볼 수 있을 거예요.

봉투의 접착제에서만 이런 현상을 볼 수 있는 것은 아닙니다. 폴로 사탕을 으
스러뜨리면 비슷한 현상을 볼 수 있어요.

이건 마찰 발광이라는 현상이에요. 화학 결합이 깨질 때 발생하는 빛입니다.

'화학 결합을 깨뜨리면 때때로 전하 분리가 발생할 수 있습니다. 전하들이 다시
모이면 빛 혹은 다른 것이 방사됩니다.' 사이언티스트(과학기술 주간지)

이 현상은 잘 설명되지 않았습니다. 하지만 전하 입자들을 떼어놓는데 필요한
에너지가 (봉투를 뜯어서 열 때 접착제에 가했던 에너지) 전하들이 다시 결합
할 때 빛으로 변환된다고 여겨지고 있지요.

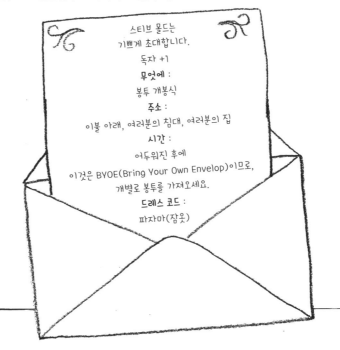

스티브 몰드는
기쁘게 초대합니다.
독자 +1
무엇에 :
봉투 개봉식
주소 :
이불 아래, 여러분의 침대, 여러분의 집
시간 :
어두워진 후에
이것은 BYOE(Bring Your Own Envelop)이므로,
개별로 봉투를 가져오세요.
드레스 코드 :
파자마(잠옷)

스스로 움직이는 구슬

일을 막 시작했을 때, 아이들의 파티에서 화학쇼를 해줄 수 있는지 문의받은 적이 있습니다. 저는 물리학을 전공해서 유감스럽게도 자격이 없었지요. 하지만 저는 하겠다고 했어요. 시간이 가까워지면 뭐든 생각날 것이라고 생각했으니까요(어찌됐든 화학은 물리학의 한 부분이니까 괜찮을 거라 생각했지요).

화학쇼를 연출할 때 어려운 점은 액체 질소 같은 재미있는 화학 물질을 구해야 한다는 것입니다. 그래서 대신에 고분자 화합물처럼 쉽게 구할 수 있는 것들로 쇼를 구성했지요. 고분자 화합물이란 플라스틱이랍니다. 쇼는 기묘하고 멋진 분자들에 대한 것들로 가득했는데, 그중에는 물에 녹으면 비커 바깥으로 넘쳐 나오는 굉장히 긴 분자인 폴리에틸렌옥사이드도 있었지요!

설명이 필요한 이상한 반응이네요. 미국의 과학 공연 진행자인 스티브 스팽글러가 비커 안의 플라스틱 구슬 목걸이를 이용해 설명하는 것을 본 적이 있어요. 그 목걸이는 긴 폴리에틸렌옥사이드 분자의 흉내를 내는 거죠. 목걸이를 조금만 당기면 전체가 딸려 나오거든요.

저는 플라스틱 목걸이 대신에 금속으로 된 것으로도 재현할 수 있는지 알고 싶었죠. 그래서 사무실 블라인드를 올리고 내릴 때 사용하는 손잡이와 비슷한 형태의 체인 50m를 샀습니다.

운 좋게도 금속 목걸이에도 효과가 동일하게 적용이 되는 걸 알아냈어요. 하지만 놀랄만한 다른 일도 같이 일어났는데, 줄이 냄비 위로 솟아올랐다가 떨어졌어요! 이상한 분수 효과가 생긴 거죠.

저는 물리학 미스터리를 좋아해요. 제가 설명할 수 없는 그런 이상한 것들 말이죠. 그래서 저는 구글 검색을 해서 답변을 찾기로 했어요. 놀랍게도 이 현상에 대해 참고할 만한 단 한 가지 내용도 찾지 못했어요(그리고 제 구글 검색 능력은 탁월하지요). 그래서 요즘엔 거의 쓰지 않았던 제 자신의 뇌에 의존하기로 했습니다. 저는 이 현상에 대해 알아냈어야 해요. 그저 힘과 벡터와 에너지 보존의 법칙 같은 거거든요. 하지만 알아낼 수 없었지요. 어쩌면 연습을 덜 해 실력이 떨어졌는지도 몰라요.

그래서 저는 이 문제를 외부에 위탁하기로 했습니다. 이 효과를 촬영해서 영상을 유튜브에 업로드 했지요. 만일 충분히 많은 사람이 영상을 보게 되면 누군가가 유창한 설명을 댓글로 남길 것이라고 생각했습니다. 결과적으로 유튜브 댓글은 그런 식으로 운영되지 않더군요. 하지만 제가 아무것도 배우지 못했다는 것은 아닙니다. 예를 들자면, 제 실험이 '가짜'이고 제 얼굴은 '이상'하다는 것을 배웠어요. 대단히 흥미로운 일이죠.

제 영상은 뉴스가 잔뜩 올라가는 웹사이트인 레딧에 올라갔고, 며칠 만에 백만 뷰를 달성했어요. 길고 긴 논의가 레딧뿐만 아니라 다른 웹사이트에도 올라왔지만, 결과적으로는 이렇다 할 만한 결론에 이르지 못했습니다.

슬로우 모션으로 촬영하기만 했다면 그 장면을 자세히 조사해서 알아 낼 수 있었을 텐데요. 슬로우 모션 카메라는 비쌌기 때문에 다른 방면 으로 도움을 요청했습니다. 어스 언플러그드라는 유튜브 채 널에서 저를 초대해서 그들의 장비를 사용해 촬영해주었고 놀라운 장면들을 얻을 수 있었습니다.

저는 영상의 한 장면 한 장면을 자세히 조사하여 마침내 알아 냈습니다. 슬로우 모션도 별 도움이 되지 않는다는 것을요.

케임브리지 대학의 두 물리학자가 연락해오기 전까지는 마치 답이 저를 피하는 것 같았죠. 두 사람은 슬로우 모션 영상을 보고 자신들의 뛰어난 능력을 보태기로 마음먹었습니다. 존 비긴스와 마크 워너는 자신들의 발견을 과학 저널인 영국왕 립학회보 A : 수학, 물리학, 공학에 '체인 분수 이해하기'라는 제목의 논문으로 발간하였습니다.

논문에는 심지어 제 이름이 참고 목록에 들어가 있어 대단히 자랑스럽게 여기고 있지요.

정답은?

비긴스와 워너는 체인이 가진 탄력과 그 탄력이 동역학에 미치는 영향에 대해 고민했습니다. 그들은 체인이 매우 유연하지만, 특정 수준을 넘어가면 더는 구부러지지 않고 뻣뻣한 상태가 된다는 것을 알아냈습니다. 한번 실험해보세요. 그저 사무실 블라인드 체인(또는 욕조 마개나 강아지 이름표에 달린 체인도 좋아요)을 찾아 꽉 눌러보세요. 이 페이지 오른쪽 코너에 보이는 것처럼 단단한 작은 고리를 만들 수 있겠지만 더는 조일 수 없을 겁니다.

이러한 체인의 역학은 꽤 복잡하고 수학적으로 모델링하기 어렵습니다. 하지만 물리학자들에 대한 비밀을 알려줄게요. 현실 세계가 너무 복잡할 때마다 그들은 그렇지 않은 것처럼 행동한답니다! 학교에서 진자에 대해 공부했던 걸 기억해보면 알 수 있을 거예요. 진자는 실제로 매우 복잡하지만 공기 저항을 무시하고 끈에 무게가 없다고 가정하면 계산은 훨씬 더 쉬워지죠. 이런 사고방식은 모든 물리학에 적용됩니다. 현실은 너무 복잡하니 우리는 먼저 그렇지 않다고 가정하고 뭔가를 알아낼 때마다 하나씩 복잡함을 더해가는 거지요.

우리의 구슬 체인의 반응을 자세히 본떠서 더 간단한 체인을 만들 수 있어요. 단단한 부분을 신축성이 있는 고리로 연결하여 만든 막대 체인 같은 것으로요.

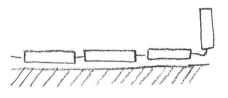

이제 체인을 냄비에서 들어 올리는 것처럼 한쪽 끝에서부터 들어 올리면 무슨 일이 벌어질지 생각해봅시다. 특히 두 막대에 집중해보죠. 방금 들어 올린 막대와 바닥에 놓여있지만, 곧 따라서 들어 올려지려는 막대 말이에요.

가만히 누워있는 막대는 오른쪽 부분에서 위로 향하려는 힘을 받을 것입니다. 곧 중심에서 벗어나는데, 실제로 움직임이 더해지면 그냥 위로 올라가는 것이 아니라 다음 페이지에 보이는 것처럼 무게 중심을 기준으로 회전하게 됩니다.

그림 1 : 거의 움직이려 할 때

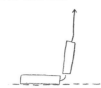

그림 2 : 움직일 때

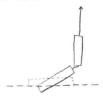

오른쪽 그림처럼 어떻게 막대의 한 부분이 원래 시작점보다 낮은 부분에 위치하게 되는지 보세요. 대부분의 경우 이러한 움직임은 허용되지 않습니다. 그 이유는 이 막대들이 어떠한 다른 물체 위에 올려져 있기 때문인데 더 많은 체인이나 냄비의 바닥이 그 예가 되겠죠. 어떻든 체인의 왼쪽 끝부분이 아래로 내려가는 것을 막는 요소가 있을 겁니다. 대신에 막대는 간단히 그 아래에 있는 무언가를 더 아래로 눌렀겠지요. 아이작 뉴턴 경이 말했듯 모든 작용에는 동일한 반작용이 적용된다는 것을 우리는 알고 있어요. 그러니 막대 아래에 있는 요소는 위로 작용하는 힘으로 올라갈 것입니다.

이상한 결론이지만 체인이 냄비 위로 솟아오르는 이유는 무언가가 밑에서 밀어 올리기 때문이지요. 바로 냄비가요!

그게 올바른 설명이라고 말할 수 있나요? 아니요, 못해요. 그렇다고 슬퍼할 필요는 없어요. 이게 일반적인 과학적 지식의 본질이에요. 좋은 과학자는 어느 것에도 절대 확신을 가지지 않아요. 우리가 언제나 가지고 있는 것은 현재 최상의 이론이지요.

그럼 애초에 뭐가 좋은 이론을 만드는 거죠?

규칙 0은, 당연한 말이지만 이론은 우리가 세상에서 실제로 보는 것들에 대해 설명할 수 있어야 합니다. 하지만 덜 명확한 규칙으로는, 이론은 실험할 수 있어야 합니다. 우리가 가서 찾을 수 있는 예측이 있어야만 하는 거죠. 이걸 반증가능성이라고 부릅니다.

체인 분수의 설명에서 비긴스와 워너가 했던 예측 중 하나는 더 아래로 떨어질 장소가 있다면 냄비 위로 더 높이 솟으리라는 것이었죠. 이건 우리가 시험해볼 수 있는 거죠! BBC의 *The One Show*에 초청되었을 때 구슬 실험에 대해서 이야기할 기회가 있었어요. 운 좋게도 녹화 날 스튜디오 바깥에 커다란 크레인이 있어서 200m의 체인이 든 냄비를 들고 25m 높이를 올라가서 무슨 일이 벌어지는지 살펴봤지요. 보통 서 있는 높이에서 체인 분수를 잡고 있으면 운이 좋을 땐 냄비에서 15cm 정도 올라오거든요. 방송국 바깥의 크레인 꼭대기에서 우리는 1.5m를 기록했어요!

이 모든 경험의 하이라이트는 마크 워너가 인터뷰에서 체인 분수에 대해 설명하는 것을 지켜보는 것과 이 현상을 몰드 효과라고 언급하는 것을 듣는 것이었어요! 자화자찬하려는 것은 아니지만 사람들이 최고의 물리학자라고 하는 알버트 아인슈타인도 자기 이름을 딴 효과를 가지고 있지 않지요.[H1]

저는 아이를 갖는 것에 대해 걱정하곤 했는데, 몰드는 쉽게 접할 수 있는 성이 아니거든요. 특히 학교에서 말이죠. 애들은 엄청 못되게 굴 수도 있어요. 하지만 이제 전 세계가 몰드 효과에 대해서 말하고 다닌다면...

[H1] 엄밀히 말하면 사실은 아니에요. 아인슈타인–드하스 효과가 있잖아요. 자성과 각운동량, 그리고 소립자의 회전 간의 관계에 대해 발견한 것 말이에요.[S1]

[S1] 그건 대부분 드하스의 업적이었어요.

CD 안으로 연기가 들어갑니다.

배경음악 없으면 파티가 아니죠. 그런데 왜 음악만이죠? 배경 과학도 있으면 안 되나요? 이런 순간에는 CD 컬렉션으로 몸을 돌려보세요.

만일 여러분이 CD가 뭔지 모르는 세대라면, MP3와 비슷한 것이라고 생각하면 돼요. 하지만 이건 둥그렇고 반짝이며 최대 74분간 작동하지요. CD의 장점이라면 컵 받침으로 사용 가능하다는 점이 있지요. 단점으로는 CD들을 보관하기 위해서 다른 물건을 놓기에는 너무 작은 선반을 만들어야 한다는 거죠.[H1]

당연하게도, 과학 파티에서는 CD로 음악을 재생하지 않을 겁니다. 뭐죠? 지금이 2000년대 초반인가요? 음악은 인터넷으로 틀고 이 CD들로는 실험합시다! 왜냐하면 CD들은 소용돌이 고리 대포, 혹은 연기 고리 발생기를 만들기에 완벽한 크기이자 모양이니까요.

그럼 휴지통을 뒤져서 아래를 찾으세요. :

1 소용돌이 대포의 본체를 만들 오래된 두루마리 휴지 롤

2 집 근처 피자가게를 홍보하는 전단지. 붙여서 뻣뻣하게 만들 수 있게 몇 장이 필요할 거예요. 운이 좋다면, 휴지통 바닥에서 이미 뭉쳐진 것을 발견할 수 있을지도 모르죠.

3 그다음, 피자 전단지 가운데에 두루마리 휴지 롤과 같은 사이즈로 구멍을 뚫고 롤 한쪽 끝을 몇 밀리미터 밀어 넣으세요. 그리고 청테이프로 고정해서 틈새가 없도록 하세요. 이렇게 하면 여러분의 소용돌이 대포의 뒷면이 휴지 롤 한쪽 끝에 잘 고정될 거예요.

4 포장 음식 용기에서 얇은 플라스틱 시트를 벗겨내세요. 저는 집 근처 채식 식품점에서 산 펜넬을 넣은 땅콩 호박파이와 퀴노아 샐러드를 담고 있던 박스 위에 붙어있던 것을 쓸 건데, 다른 중산층용 제품에서 찾아내서 소용돌이 대포 뒷면에 창문을 만들어도 무방합니다. 전단지 뒷면에 피자 전단지와 같은 사이즈로 잘라내어 틈새가 없도록 청테이프로 고정하세요.

[H1] 책의 이번 섹션을 이용해서 다음 세대 사람들에게 CD에 대해 설명할 때 써먹으세요. 어디서부터 이 모든 것이 잘못되었는지 그리고 왜 북극곰들이 더 이상 남아있지 않는지에 대한 여러분의 설명과 함께요.

5 마지막으로, 휴지 롤 반대쪽 구멍에 CD가 정가운데에 오도록 맞추어 청테이프로 고정하세요. 마무리로 청테이프를 더 사용해서 공기 구멍이 없도록 모든 틈새를 막았는지 확인하세요.

앞 페이지에서 이 모든 과정에 대해 나와 있는 그림을 보세요.

제자리에... 준비... 연기!

이제 홈메이드 소용돌이 대포를 준비했으면, 여러분이 볼 수 있는 무언가로 채워줘야 합니다.

연기를 만드는 기계를 갖고 있지 않다면(그렇다면 놀랍네요. 이건 과학 파티인데 말이죠.) 여러분의 파티를 진행하게 할 2가지 선택지가 있어요. 배관공들이 가스파이프가 새는지 확인할 때 사용하는 '연기 성냥' 몇 개를 준비하세요. 이것들은 약 20초 동안 타면서 연기 더미를 만들어냅니다. 최적의 효과를 얻기 위해서는, 타고 있는 성냥 바로 위에 소용돌이 대포의 CD 구멍을 놓아서 성냥이 꺼지기 전에 가능한 한 많은 연기를 대포 안에 모으세요. 향을 태우는 것도 같은 효과를 주겠지만 더 오랜 시간이 걸리고 여러분의 파티는 휴학생들의 침실 같은 냄새가 날 겁니다. 꺼진 촛불에서도 약간의 연기를 얻을 수가 있어요. 더 빠른 대안으로는 전자담배를 태우는 사람을 찾는 것이지요.

테마와 맞는 파티의 배경음악을 틀면 추가 점수가 있어요. 스모키 로빈슨(미국의 가수이자 작곡가)의 노래는 2점, 딥 퍼플(영국의 록 밴드)의 '스모크 온 더 워터'는 5점, 비욘세의 '풋 어 링 온 잇'은 10점이에요.[H1]

연기를 충분히 주입하고 난 후, 플라스틱 시트로 만든 창문을 부드럽게 톡톡 두드리면 연기가 CD 구멍 사이로 나오면서 고리 모양을 만들어 냅니다.

[H1] 사실 점수는 필요없어요. 미안합니다.

당신은 나를 빙빙 돌게 해요, 베이비, 빙빙 돌게 해요. [H1]

두루마리 휴지 롤과 CD 구멍 안은 방을 가로질러 회전하며 돌아다니는 작은 도넛 모양의 공기를 만들기에 적절한 비율이 됩니다. 이건 소용돌이 고리라고 불리기도 하지요. 소용돌이 고리를 만드는 것은 그다지 어렵지 않습니다. 동그란 구멍을 통해 어떤 유체[H2]를 통과시켜도 소용돌이 고리를 만들 수가 있습니다. 홈메이드 연기 고리 발전기, 스팀을 내뿜는 발전소 굴뚝, 또는 돌고래가 바닷속에서 재미로 뿜어내는 공기 도넛같이 말이죠.

구멍을 통해 이동하면서 빠르게 움직이는 자욱한 공기는 CD의 내부 테두리와 접촉하면서 작은 '발길질'에 부딪힙니다. 이것과 구멍 바로 바깥에서 끌려들어온 천천히 움직이는 공기가 이 연기 기둥을 다시 원래 형태로 되돌립니다.

돌고 돌고 도는 연기 대포

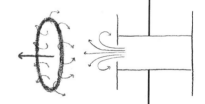

이 도넛들의 멋진 점은 매우 안정적이라는 것입니다.

도넛이 만들어지면, 돌고 있는 공기의 각 운동량, 고리 안에서 빠르게 움직이는 공기의 낮은 압력과 주변 공기의 높은 압력은 연기가 무엇인가에 부딪히기 전까지 계속해서 회전하게 만듭니다. 또는 공기 사이 마찰력 덕에 언젠가는 멈추겠지요.

이 작디작은 연기 고리 중 하나는 1m까지 움직일 것입니다. 몇 번 연습해보거나 방안의 공기 방해를 최소한으로 한다면, 더 멀리 움직이게 할 수 있을 겁니다. 예를 들어 파티의 모든 사람이 바닥에 누워서 포스트 아포칼립스 분위기를 내도록 '북극곰 시체 놀이'를 한다든가요. 이 연기 고리 파티를 시작하는데 정말 도움이 될 거예요![S1]

[H1] 오오, 플레이리스트에 추가할 노래가 생겼네요. 고마워요. 데드 오어 얼라이브(영국의 팝 그룹)

[H2] 공기는 유체예요. 물리학자나 소용돌이 고리 대포의 관점에서 보면 말이죠.

[S1] 이 연기 고리들은... 자그마해요. 여러분이 만일 저처럼 허세가 넘친다면, 정원의 쓰레기통 바닥에 동그란 구멍을 내고, 뚜껑 대신 쓰레기봉투를 덮고 테이프로 감싸세요. 쓰레기봉투를 철썩 쳐서 공기가 다른 쪽 구멍으로 나가게 해서 작디작은 동그라미 대신에 커다란 소용돌이 고리를 만드세요. 연무기를 사는 데 돈을 쓸지도 모르겠네요. 아니면 다음 날 아침 9시 수업이 없는 것처럼 향을 잔뜩 태우겠지요.

불타오르는 회전 쓰레기통

경고

이 실험은 위험합니다. 불과 화재 안전에 대한 경험이 있는 경우에만 하세요. 저희는 어떠한 법적 책임도 지지 않습니다. 여러분의 안전은 여러분이 챙기세요. 어른들만 가능.

불은 위험합니다. 토네이도도 마찬가지이지요. 그런데 이 둘보다 더 위험한 것이 뭔지 아세요? 불로 만들어진 토네이도요. 하지만 다치거나 집을 망가뜨리지 않고서도 그걸 만들 수 있어요. 다음 가든 파티에서 시도해보는 것은 어떤가요?

필요한 것

메탈-메시 쓰레기통

티 라이트

라이터 기름

바비큐 라이터

회전하는 접시(회전판), 예를 들면 Lazy

회전 선반(Susan) 또는 레코드판

소화기(CO2 또는 파우더 타입)

1단계

바깥으로 나가세요. 집 말고 정원에서 시도하기를 바랍니다.

2단계

여러분의 회전판을 평편하고 움직이지 않는 표면에 올려놓으세요.

3단계

티 라이트에서 초를 빼내어 금속 용기만 남기세요. 여기에 연료를 담을 거예요.

4단계

티 라이트 용기 안에 라이터 기름을 조금 넣으세요(높이는 1mm 미만으로 넣으세요).

5단계

라이터 액체가 들어간 티 라이트 케이스를 쓰레기통 가운데에 놓고, 이 쓰레기통을 회전판 가운데에 올려놓으세요.

6단계

점화하기 이전에 모든 것이 제대로 놓여있는지 확인하는 것이 중요합니다. 회전판을 살짝 돌려 쓰레기통과 티 라이트 케이스가 가운데에 잘 놓여있는지 확인하세요.

7단계

바비큐 라이터를 이용하여 티 라이트 케이스 안의 라이터 기름을 점화한 후, 회전판을 부드럽게 돌리세요. 몇 초 후에 작은 불꽃이 쓰레기통 가운데에서부터 올라와 소용돌이치는 토네이도 불꽃으로 점차 확장될 겁니다! 멋지군요!

뭐라고요?!

불을 피우면 주변 공기에 커다란 기류를 만들어냅니다. 불 위의 공기는 뜨거워 지면서 점차 확장되고, 밀도가 낮아지는 동시에 위로 솟아오르기 때문입니다. 이 공기는 옆에서 들어오는 공기에 의해 대체됩니다. 이번 실험에서는, 옆에서 들어오는 공기는 쓰레기통의 그물망을 통해서 들어와야만 하지요.

쓰레기통이 빙빙 돌고 있을 때, 그물망을 통해 들어오는 공기는 각운동량의 영 향을 받게 됩니다. 이 공기는 쓰레기통의 가운데에 도달하면서 그 각운동량을 그대로 유지하다가 위로 솟아오르는 뜨거운 공기에 의해 빨려 들어갑니다. 각 운동량은 중량이 있는 물체가 중심의 주위를 얼마나 도는지에 대한 측정값이 라고 이해하면 됩니다. 그러니 더 무거운 물체일수록 더 많은 각운동량이 있는 것이고, 회전의 중심(여기에서는 쓰레기통의 가운데)에서 더 빨리 돌수록 더 많은 각운동량이 있으며, 마지막으로 회전의 가운데에서 더 멀리 있을수록 더 많은 각운동량을 가지게 되는 겁니다. 각운동량을 계산하려면 이 3가지를 곱 하면 되는 거지요(중량, 속력[S1], 그리고 중심부터의 거리).

바로 여기서 아주 멋진 물리의 법칙을 알 수가 있습니다. 방금 여러분이 중량, 속력, 그리고 거리를 곱해서 만들어낸 숫자는 바뀔 수가 없어요! 구성 요소를 바꿀 수는 있지만, 그 숫자들을 곱하면 같은 결과가 나오게 되지요. 이를 각운 동량 보존이라고 부릅니다. 정리하자면 예를 들어 중심부터의 거리가 짧아지 면 나머지 중량과 속력 값은 거리 대비 보상 값을 가지게 되므로 보다 높은 값 이 됩니다.

그게 우리의 쓰레기통 안에서 벌어지는 일입니다. 공기가 가운데로 옮겨갈 수 록, 중심부터의 거리가 짧아지므로 속도가 높아집니다. 중심에 닿게 되면 속도 가 가장 높이 올라가서 빠르게 도는 불타는 토네이도가 만들어지는 것이죠.

[S1] 엄밀히 말하자면 이건 동경(어떤 점을 중심으로 하여 도는 벡터)에 수직이 되는 속도 성분이에요. 하여튼, 각운동량 은 벡터량이라 간단히 설명하려는 거예요!

그녀는 과학으로 나를 두 배로 눈멀게 했어요.

과학책들은 교육적이어야만 해요.

그러니 집중하세요!

약물학적인 도움이 필요하다면, 카페인이 들어간 음료를 마셔요.

몇 번이고, 연구에서 말하기를 카페인은 반응 시간과 피로를 줄이고, 집중력을 높이며 그리고... 으... 다른 게 더 많은데 흥미를 잃었어요... 오, 저기 지붕 위에 비둘기가 있네요! 잠시만요, 커피 좀 가져올게요.

커피 브레이크

현재 상태에 대해 표시하세요. :

카페인을 섭취한 상태

카페인을 섭취하지 않은 상태

저 돌아왔어요! 무슨 이야기를 하고 있었죠?

그래요. 카페인. 피곤한 사람들이 아침 6시부터 제 기능을 하게 도와주지요.

그런데 왜 권위 있는 의학 연구 단체의 말을 그냥 믿기만 하지요? 과학에 열정이 있는 친목 모임에서 확인해보는 게 어때요?

게다가 마약보다 저렴해요.[H1]

그러니 학교에서 배웠던 오래된 실험 기술을 끄집어내서 이중맹검법 실험을 설계해 자원한 실험 대상자들에게 카페인의 효과를 테스트해봅시다.

[H1] 엄밀히 말해 카페인은 마약의 일종이지만요.

중요 사항 : 비록 우리들 상당수가 카페인을 매일 소비하지만, 그래도 이건 여전히 자극제이며 사람들에게 중대하고 예상치 못한 영향을 줄 수 있습니다. 가이드라인에 따르면, 대부분의 건강한 어른들의 경우 하루에 400mg의 카페인이 적정한 양이라고 합니다. 이건 약 4잔의 원두커피, 콜라 10캔, 또는 에너지드링크 2캔에 해당하는 수치입니다. 우리가 이번 실험에서 한 번에 소비하는 양보다 훨씬 더 많은 양입니다.

또 다른 중요 사항 : 당연한 말이지만 클래식 보드카 칵테일과 에너지 드링크로는 이 실험을 하지 마세요. 여러분은 이중맹검법 테스트를 하려는 거지 이중취한다 테스트를 하려는 게 아니니까요.

그럼 모든 분이 동의한다면, 실험 리포트로 돌아갑시다.

이중맹검법을 하려는 이유는 편견을 없애려고 하는 거예요. 실험 참가자 중 그 누구도 누가 유효성분을 받았는지 모르게 함으로써, 어떻게든 결과에 영향을 주지 않도록 합니다. 이 법칙은 모든 실험 대상자와 실험 관리자에게 적용되지요. 무작위 대조 시험은 새로운 약품과 치료제를 엄격하게 테스트하기 위해 사용되며, 의학 치료제의 효과를 평가하기 위한 훌륭한 기준으로 여겨지고 있습니다.

커피는 카페인을 여러분의 실험 대상에게 투여하는 가장 명백한 방법입니다. 다른 옵션으로는 카페인 정제약, 콜라와 에너지 드링크 등이 있지만 그 중 어느 것도 여러분의 실험에 바리스타 스타일의 힙스터한 감성을 주지 않지요.

이 실험을 준비하려면, 여러분의 하우스 실험실 연구원[H1]에게 문의해서 복잡한 코드가 적힌 컵 여러 개를 나열한 후 각각의 컵에 카페인 혹은 디카페인 커피를 채워 넣어야 합니다.

코드 외에는 따로 식별할 수 없도록 이 음료들은 보기에 최대한 동일해야 합니다. 오직 실험 연구원들만이 각각의 코드가 적힌 컵 안에 어떠한 음료가 들어있는지 알아야 하며 실험에는 참여하지 않는 것이 중요합니다.

이제 실험을 위해서 : 여러분의 친절한 실험 연구원은 각각의 코드를 실험 대상 파티 손님들에게 이미 랜덤으로 지정해주었습니다. 각 파티 손님은 지정된 음료를 동일한 시간에 거의 같은 속도로 마셔야 합니다. 전통적인 음주 노래가 유용할 수 있겠네요. '99 bottles of beer on the wall' 대신에 더 야심찬 숫자인 '벽에 있는 무한대로 많은 맥주병'으로 바꿔 부르세요.

이 노래의 가사는 계속 반복되고, 절대로 끝나지 않아요. 여러분의 실험 연구원이 언제 멈춰야 할지 알려줄 거예요. 전통적인 클로징 멘트를 사용해서 말이죠. '제발, 제발, 입에서 예쁜 말 나오기 전에, 노래 그만하세요.'

카페인의 효과가 나타나면,[H4] 반응 속도를 비교하는 고전적인 방법을 따라 긴 막대기를 찾아서 세로로 잡고 있다가 떨어뜨리게 하세요. 실험 참가자 중 한 명을 미리 지정하여 손을 뻗어 떨어지는 막대기를 붙잡는 것을 해보라고 하는 것이 제일 좋겠지만, 막대기를 바닥으로 몇 번이고 떨어뜨리는 것 자체가 재미있게 느껴진다면, 즐거운 시간을 위해 카페인을 사용하거나 무작위 대조 시험을 할 필요가 없겠네요.

실험 참가자마다 떨어지는 막대기를 붙잡기 전에 손에서 벗어난 길이가 얼마인지를 재어보세요. 그 길이가 짧을수록 반응 속도가 짧은 겁니다. 이 테스트를 몇 번이고 반복할 수 있어요. 그리고 모든 CD가 소용돌이 대포가 되어버리고 정원에 있는 쓰레기통이 불타버려서[H5] 파티 분위기가 김빠졌을 때 즈음인 10분 뒤에 다시 해보세요.

[H1] 하우스 실험실 연구원이 없다면, 친구 중 가장 괴짜인 사람을 찾아 준비하도록 시키세요.[H2]
[H2] 만일 친구 중 가장 괴짜인 사람을 찾기 위해 노력해야 한다면, 그 사람은 아마 여러분일 거예요.[H3]
[H3] 만일 여러분이 모든 사교 모임을 통틀어서 가장 괴짜인 캐릭터를 나열한 스프레드시트를 이미 준비했다면, 분명히 그 사람은 여러분일 거예요.
[H4] 그렇지 않을지도요. 어떤 그룹에 랜덤하게 배정되었는지에 따라 다르겠지요…
[H5] 146페이지와 150페이지를 보세요.

사람마다 붙잡은 길이의 평균을 내어 테이블 위에 기록하고, 아래의 변환 차트를 활용해서 그 길이를 반응 속도로 변환하세요. 그다음 여러분의 실험실 연구원에게 요청해서 각 파티 참가자의 코드가 적힌 컵에 있는 카페인 함유량을 확인하세요. 만일 여러분이 정말 과학적으로 하고 싶다면, 결과를 차트에 적어서 표현해보세요. 카페인 레벨은 x축에, 반응 속도는 y축에 적으면 됩니다.

길이-반응 속도 변환 차트

잡은 길이 (센티미터)	반응 속도 (밀리초)	잡은 길이 (센티미터)	반응 속도 (밀리초)
1	45	16	181
2	64	17	186
3	78	18	192
4	90	19	197
5	101	20	202
6	111	21	207
7	120	22	212
8	128	23	217
9	136	24	221
10	143	25	226
11	150	26	230
12	156	27	235
13	163	28	239
14	169	29	243
15	175	30	247

만일 여러분이 성공적으로 '과학'했다면, 실험 결과에 따라 카페인이 짧은 반응 속도를 야기시킨다는 것을 알 수 있습니다. 그러지 않을 수도 있어요. 확실하게 답하기 어려울 수도 있죠. 의심이 가면 실험실 연구원을 탓하세요.

다행히도 사람이 카페인을 섭취하면 무슨 일이 벌어지는지에 대한 수많은 연구가 이미 있어요. 주어진 과제에 대한 자극도 대비 성과 그래프는 벨커브의 모양을 하고 있는데, 이에 따르면 좋지 않은 성과는 실험 대상이 카페인을 덜 섭취했거나 너무 많이 섭취했을 때 일어날 수 있다고 합니다. 가장 좋은 것은 중간즈음이지요.

유감스럽게도 만일 여러분이 습관적으로 커피를 마시는 사람이라면, 눈에 보이는 효과를 보기 위해서는 2배의 카페인이 필요할 수 있습니다. 그리고 많은 양의 섭취는 불규칙한 심장 박동, 메스꺼움 및 불면증을 동반할 수 있으므로, 이러한 집에서 하는 실험을 하려고 한계를 초월하고 싶지 않을 수도 있겠지요. 대신에, 이 실험을 하기 전 1~2주 정도 카페인을 끊어서 효과를 높여보는 것이 어때요? 아 네, 무슨 소리인지 알겠어요...

커피이이이이이이이

다른 방법은 없나요?

카페인이 집중력을 향상시키는 유일한 방법은 아닌 것 같습니다. 툭, 트람페 그리고 월롭이 2011년에 작성한 '넘침의 억제 : 긴급한 소변 감각은 관련 없는 영역에서 자극 조절을 증가시킨다'라는 연구 보고서에 따르면, 홈파티에서 화장실 앞에 길게 늘어선 줄에서도 비슷한 효과가 나타날 수도 있습니다. 화장실에 조금이라도 가고 싶은 욕구가 있다면 주어진 과제에 집중할 수 있게 도와준다는 거지요.

2007년에 BBC 다큐멘터리는 영국 보수당의 당수인 데이비드 캐머런이 그해의 토리당 회의에서 한 시간에 걸친 연설 중에 이 테크닉을 사용했다고 주장했습니다. 그가 '특별히 화장실을 사용하는 것을 금지한' 후에 연설한 것이 큰 승리로 여겨져서 3년 후에 그는 영국 수상에 임명되었습니다. 연설 전에 그가 화장실에 갈 기회가 있었기를 바랍니다.

2011년의 연구는 이 주장을 뒷받침하였는데, 방법의 효과성에 대한 한계점도 찾아냈습니다. 카페인 그래프처럼, '귀환 불능 지점'을 넘어가면 여러분의 집중력은 더 나빠집니다. 이제까지 마셔댔던 커피의 이뇨 작용으로 인해 예상했던 것보다 더 빨리 이 그래프의 제일 꼭대기에 다다른 것을 확인할 수 있을지도 모르겠네요. 이제 저는 잠시 화장실 좀 가봐야겠어요...

과학 칵테일

파티에 취해보세요. 여기서 취한다는 건, 맞아요, 알코올을 말하는 거예요. 과학적인 음료들과 함께요.

책임감 있는 어른들만 하세요!

책임감 없는 어른들은 약한 블랙커런트 스쿼시가 담긴 잔이나 들고 구석에 앉아서 책임감 있는 어른들이 멍청이 짓을 하는 걸 지켜봐요.

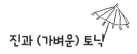

진과 (가벼운) 토닉

독한 진토닉은 일에서 퇴근한 많은 과학자가 선호하는 음료입니다. 진 안에 들어 있는 복잡한 범위의 식물성 원료들 때문만이 아니라, 적외선 아래에서 빛나는 기이한 푸른빛 때문이기도 하지요.

여러분도 그 현상을 우연히 발견했을 수 있어요... 적외선으로 빛나는 너저분한 나이트클럽에서 고급 진토닉을 마시는 동안이나 어느 금요일 점심시간에 슈퍼마켓 계산 줄에서 '마더스 루인(진을 뜻하는 말)'을 마시는 걸 들켰을 때, 가짜 지폐를 식별할 때 사용하는 작은 푸른빛을 발견할 수 있습니다.

사실 빛나는 건 진이 아니라 토닉입니다. 혼합물에 쓴맛을 더해주는 퀴닌은 형광성이 있습니다. 적외선은 가시 스펙트럼의 파란색 다음에 있으며, 사람의 시력으로는 감지할 수 없습니다. 벌들에겐 있고 우리에겐 없는 능력이지만, 그들의 작은 발로는 텀블러를 잡는 게 어렵게 느껴지겠지요.

다시 토닉으로 돌아가죠. '보이지 않는' 적외선이 퀴닌 분자에 닿으면, 그 빛이 흡수되었다가 다시 방출됩니다. 그러나 이렇게 방출된 빛은 원래의 적외선보다 긴 파장을 갖게 되어 우리는 유리 안에서 나오는 푸른빛으로 볼 수 있게 되는 것입니다.

퀴닌, 혹은 퀴닌을 추출하는 기나나무 껍질은 17세기부터 말라리아를 치료하거나 예방하는 데 쓰였습니다. 만일 여러분의 다음 휴가에서 진토닉 두 잔 정도만 마시면 병에 걸리지 않게 도와줄 거라고 생각한다면, 일반 토닉워터에 들어 있는 양은 매우 적어서 이런 예방 효과를 보려면 매일 25리터씩 마셔야 한다는 것만 알고 계세요. 그것참 엄청난 예방책이네요.

25cl 진토닉
의약용으로만 사용하세요.
하루에 100잔을 마시세요.
부작용이 있을 수 있습니다.

흐름에 맡겨요.

칵테일로 대류 현상을 일으켜보는 건 어때요? 이를 위해서는 깔루아 같은 걸쭉한 리큐어와 크림이 필요합니다.

이번 술잔으로는 식사 접시를 사용하세요.

리큐어를 몇 밀리미터 정도 깊이가 되도록 접시에 부어놓으세요. 그리고 조심스럽게 크림 한 스푼 올려놓으세요. 피펫(실험실에서 소량의 액체를 재거나 할 때 쓰는 작은 관)이 있다면 더욱더 좋아요.

작은 칸 모양들이 생기는 걸 볼 수 있을 겁니다. 이는 리큐어의 경계가 크림의 고리에 둘러싸여 생깁니다.

이 크림 고리들을 자세히 살펴보면 빙빙 돌고 있는 것을 알 수 있습니다.

지금 여러분이 보고 있는 것은 대류 현상인데, 익숙히 알고 있는 것과는 다른 종류입니다.

물이 든 냄비를 스토브에 올려놓으면, 바닥에 있는 물은 가열되어 팽창하며, 밀

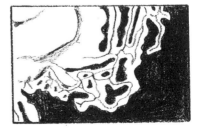

159

도가 낮아지면서 표면으로 올라옵니다. 그
다음에 공기와 접촉하게 되면 다시 식어서
수축하며 밀도가 높아지면서 바닥으로 다
시 내려가고 이 순환은 계속됩니다.

우리의 칵테일 대류 현상은 달라요.
이건 용질 대류의 사례입니다. 깔루아에
들어 있는 알코올은 표면에서 증발하면서
밀도가 더욱 높아져 바닥으로 내려갑니다. 이는 아래에 있는 도수가 높은 깔루
아와 대체되는데 이는 또 증발하면서 아래로 내려가는 순환을 반복합니다. 크
림과 표면 장력이 있기 때문에 물보다는 조금 더 복잡한 프로세스이기는 한데,
그건 교수들이 말하는 것처럼 '이 책에서 다루는 범위를 벗어난' 겁니다. 그냥
빌어먹을 칵테일이나 마셔요, 알겠죠.

스트로베리 DNA-키리

보세요! 이건 생명의 열쇠입니다! 우리의 유전적 특성을 보유하고 있는 거예
요! 바로 DNA죠, 그런데 마실 수 있어요!

여러분은 과학전람회나 온라인 영상을 통해서 어떻게 주방용 세제, 소금, 효
소, 그리고 알코올 막을 이용하여 입안 세포에서 DNA를 추출하는지 본 적이
있을 거예요. 음... 그 칵테일은... 맛있을 거 같나요?

걱정하지 마세요. 먹는 버전이 따로 있어요! 한 무리의 샌프란시스코 바이오
해커(DNA 등 유전학 관련 내용을 취미로 실험하는 사람)들이 진짜로 DNA 끈
을 추출하여 육안으로 볼 수도 있고 마티니 잔으로 마실 수 있는 조리법을 고
안해냈어요.

저는 여기서 이걸 영국사람 입맛에 맞춰봤어요. 조금 복잡하지만, 평균적인 칵
테일만큼은 아니면서도, 그 결과는 과학적으로 매우 많이 만족스러워요.

첫 번째로, 플라스틱 지퍼백을 준비하고 언 딸기 한 줌과 파인애플 주스를 넣
으세요. 손으로 부드럽게 으스러뜨려서 덩어리 없이 잘 섞이게 하세요. 얼리는

게 중요합니다. 이는 딸기 안에 있는 세포벽을 부수는 데 도움을 주지요. 파인애플 주스 안의 효소가 과일 세포로 들어가 DNA의 세포핵을 급습하도록 합니다. 파워풀한 전기 분쇄기를 사용하는 대신에 부드럽게 으스러뜨리는 것 또한 중요합니다. 세포벽을 부수는 '세포의 용해'라 불리는 과정을 거쳐야 하는데, 동시에 그 안의 DNA를 짓이기면 안 되기 때문이지요.

원한다면, 이 칵테일 조리법에서 다른 과일을 사용해도 좋습니다. 키위와 바나나도 좋아요. 왜냐하면 둘 다 배수성이거든요. 그 말은 각 세포 안에 일반적인 두 세트 이상의 염색체가 들어있다는 겁니다. 바나나에는 3개가 있고, 키위에는 기본적으로 6개가 있어요. 그러나 DNA를 추출하기 위해 먹는 칵테일 재료로만 사용하려면 처음부터 가능한 한 많은 양이 필요하지요.

전문가들의 선택은 딸기인데 세포마다 8개의 게놈을 보유하고 있는 8배체이기 때문이지요. 냠냠.

이제 으스러진 과일이 든 지퍼백을 50℃(122℉) 정도로 가열한 물그릇 안에 넣으세요. 온도계가 없다고요? 너무 걱정하지 마세요. 욕조 물보다 뜨거운 정도면 되는데 손을 델 정도까지는 아닌 온도면 돼요. 약 10분 동안 뜨거운 물 안에서 과일 지퍼백을 데운 다음, 얼음물 안에 10분 동안 두세요. 약한 열은 더 많은 DNA가 부서진 세포에서 추출되도록 돕는데, 너무 오래 지속하면 DNA 자체를 망가뜨리기 쉬워요.

얼음물은 이 과정을 늦춰서 다음 단계로 넘어갔을 때도 우리가 볼 수 있는 무언가가 여전히 남아있게 하지요.

마지막으로, 이 으스러진 과일을 체로 걸러 마티니 잔의 바닥에 놓으세요. 얼음처럼 차가운 술을 스푼의 뒷부분을 사용해서 위에 조심스럽게 떠 넣으세요. 표준량 이상으로 알코올을 포함한 럼이 좋아요. 아니면 높은 알코올 도수의 적당히 투명한 다른 술도 좋습니다. 딸기의 DNA 길이는 알코올보다 물기 있는 과일 곤죽에서 더 잘 녹기 때문에, 여러분이 보는 눈앞에서 '침전물이 생기기' 시작합니다. 거의 동시에 DNA 가닥이 과일 막에서 슬그머니 나와 투명한 알코올 막으로 번져가는 것을 볼 수 있을 겁니다.

세계에서 가장 과학적인 칵테일을 완성하기 위해, 작은 우산 모형 장식을 잔에 넣고 DNA 몇 가닥을 빙글빙글 돌려 잔 바깥으로 빼내어 보세요. 콧물이랑 매우 비슷하게 생겼지만 그렇다고 해서 흥미를 잃지 마세요. 우리의 존재의 가장 중심적인 것을 발견한 데에 다 놀라셨다면, 설탕 시럽을 넣고 잔을 돌려 섞은 후 한 번에 삼키세요. 삶의 비밀 자체가 매우 장엄하지 않나요?

pH는 퐈트와인 퐈인트로 퐈시세요.
(포트 와인을 지시약으로 지시음해보세요.)

챕터 2[H1]에서 제 데이트에 대한 내용을 읽은 후로부터 여러 가정용품의 pH를 확인하고 싶으셨지만, 국수가 없어서 못 했다면 걱정하지 마세요. 여기 마실 수 있는 버전이 있으니까요.

훌륭한 pH 지시약이지만 끔찍한 칵테일 재료인 붉은 양배추 주스와는 달리, 같은 역할을 하는 다른 맛있는 음료가 있어요. 포트 와인과 블랙커런트 스쿼시는 둘 다 붉은 양배추와 같은 그룹에 있는 화학 물질을 함유하고 있는데, 이는 바로 안토시아닌입니다. 이게 바로 여러분의 음료가 베이킹소다 같은 알칼리에 노출되면 보라빛의 푸른색으로 변하게 하고, 레몬주스와 같은 산에 노출되면 핑크빛 붉은색으로 변하게 하는 것이지요.

두 가지 실험을 한 가지로 합치고 싶다면, 토닉워터의 약한 UV 빛을 pH-지시약인 진과 섞어 볼 수 있습니다. 자연적인 안토시아닌을 함유하고 있는 버터플라이 완두(태국 북부에서 재배되는 꽃으로, 안토시아닌이 함유되어 있음)가 들어 있는 진을 고르세요. 병 안에서는 밝은 푸른빛이지만, 약간 산성인 토닉워터를 섞으면 분홍색으로 변합니다. 마술입니다![S1]

[H1] 56페이지를 보세요.
[S1] 마술이 아니죠. 과학이죠.

느림보 라바 램프

술을 마시고 과학을 하는 건 언제나 좋은 건 아니죠. 그래서 우리의 마지막 칵테일은 알코올이 포함되어있지 않은 것으로 준비했어요. 게다가 절대로 마실 수 없는 것이에요. 하지만 적절히 과학적이지요.

홈메이드 라바 램프를 만들기 위해 액체들을 층층이 쌓아서 그 부드러운 70년대 칵테일 라운지 분위기를 다시 만들어 봐요. 멋지죠, 베이비!

이 '대단히 실험적인(또는 인간이 섭취하기에 안전하지 않은) 칵테일'은 두 액체가 매우 다른 밀도를 가지고 있어야 가장 잘 만들 수 있습니다. 파인트 잔의 반을 설탕이 든 높은 밀도의 블랙커런트 스쿼시로 채우고, 훨씬 낮은 밀도의 식물성 기름을 약 10cm 정도 높이가 되게 그 위에 부어서 두 가지 다른 색의 블록이 되도록 만드세요.

위에서처럼 액체층을 만들었다면, 으스러뜨려 준비한 녹는 비타민 C 알약을 넣어 라바 램프 효과를 시작하세요. 비타민 알약 덩어리가 내려앉는 동안, 이는 스쿼시 안의 물과 반응해서 이산화탄소 가스를 만들어냅니다. 잔 바닥에서 알약 덩어리 주변에 작은 기포들이 생겨나고, 이것이 스쿼시를 통해 위로 올라가며 서로 뭉쳐지며 큰 기포들을 만들어냅니다.

이 기포들은 작은 알약 덩어리와 붉은 액체를 동반하며 기름막으로 계속 올라갑니다. 표면에서 이 기포들이 펑 하고 터지는 동안 덩어리들은 밑으로 다시 떨어지는데, 기름막과 함께 내려가면서 몸부림치는 부글부글 거품이 이는 화산처럼 보이게 합니다.

앞 페이지에서 설명한 사랑스러운 안토시아닌으로 가득 찬 강력한 블랙커런트 스쿼시를 사용했다면, 색이 변하는 것을 볼 수도 있습니다. 이산화탄소 일부는 물에 녹아서 이 액체를 더 높은 산성으로 만들어 pH를 낮추게 합니다. 보너스 과학이죠!

그래도 마셔서는 안 돼요. 비타민 C가 많이 들어있다고 해도요.

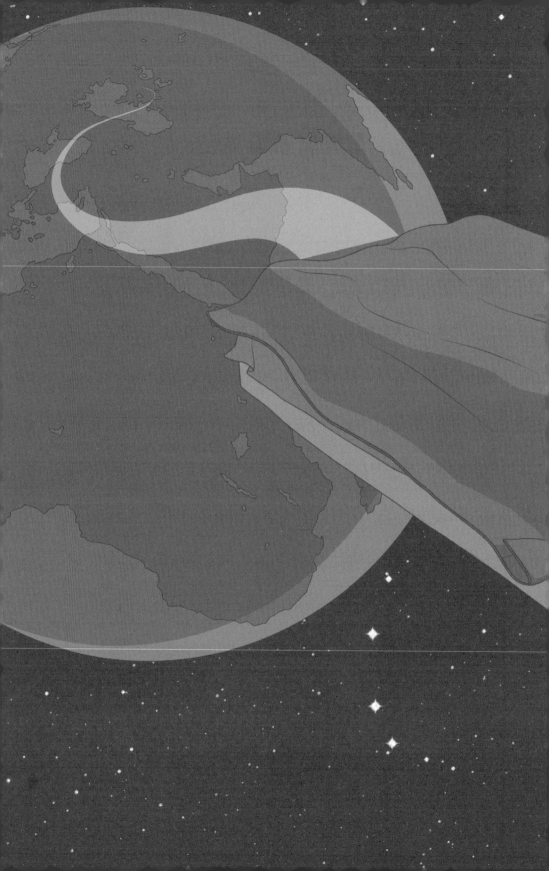

우주에 관한 모든 것

대부분의 괴짜들이 그렇듯이, 우리는 우리가 살고 있는 태양계와 그 바깥에 살고 있는 것들에 대해 매료되어 있습니다. 점성학에서 중력파에 이르기까지, 우리는 우리가 우주에 대해 가장 좋아하는 코너들[H1]을 선정하여 이번 챕터에 추가해서, 여러분이 안락의자에 앉은 채 편안하게 우주여행사가 되도록 도와줄게요.

우리는 지구에서 우주를, 그리고 우주에서 지구를 바라보게 될 겁니다. 그리고 열역학의 법칙에 숨어있는 시간의 화살을 바라보면서 저 바깥에 존재하는 모든 것들의 운명에 대해 예상해보도록 할 거예요.

하지만, 우선 우리의 로켓을 낮은 지구의 궤도에 위치합시다. 그리고, 이 좋은 위치에서 수학의 신세계를 탐험해봐요.

다음 페이지까지 T-마이너스 5...4...3...2...1...(T-마이너스(카운트다운)란, 로켓이 발사되기까지 남은 시간을 초 단위로 거꾸로 세어가는 일을 뜻함)

[H1] 쉽지 않은 일이었어요. 우주의 팽창하는 커브 표면에서 코너(모퉁이)는 잘 없거든요.

어떻게 영국의 해안지대가
새로운 수학을 창조했을까?

영국 해안지대의 길이는 얼마나 될까요? 당연히 모르시겠죠. 하지만 구글에서 찾을 수 있어요. 문제는 모든 사람이 동의하는 답을 찾는 겁니다. 영국의 국립 지도 제작 기관(Ordnance Survey)에서는 17,820km라고 합니다. 하지만 CIA(보아하니 이런 것에도 관심을 가지는군요)는 12,429km라고 해요. 누가 옳은 걸까요?

우리가 직접 측정해서 답이 어떻게 나오는지 봅시다. 여기 스코틀랜드의 해안지대 부분이 있어요. 간편하게 하려고 제가 10km 길이의 거대한 줄자를 늘어났어요.

그다음에는 줄자의 숫자를 세기만 하면 되는데, 여기서는 줄자가 11개이니까 110km가 되겠네요. 이 거대한 줄자가 너무 커서 구석진 부분은 측정할 수가 없는 게 마음에 걸릴 수도 있어요. 그럼 더 작은 줄자로 다시 해봅시다. 이번에는 절반 사이즈인 5km 줄자를 사용해볼까요?

이번에는 30개의 줄자가 필요하네요. 그럼 150km예요. 조금 전에 측정했던 것보다 40km나 더 긴 길이네요! 더 작은 줄자를 사용할수록 더 큰 답이 나올 것이라는 결과가 나옵니다. 그러면 여기서 질문은, 맞는 답을 얻기 위해서는 얼마나 작은 줄자가 필요할까요? 이 모든 구석진 부분을 측정하려면 줄자의 크기가 얼마나 되어야 하지요? 문제는 이 구석진 부분들이 원자 수준까지도 작아질 수 있다는 겁니다.

여러분의 줄자를 더 작고 작게 만들 수 있겠지만, 언제든지 줄자가 소화해낼 수 없는 더 작고 작은 구석진 틈들을 발견하게 될 것입니다. 마침내 줄자가 분자 크기로 작아지게 되면, 어떻게 그 숫자를 다 셀 수 있을까요?

수학자인 브누아 B 만델브로[S1]는 이러한 해안지대 측정 문제에 대해 관심을 가졌고, 수학적인 접근을 해보기로 마음먹었습니다.

어떻게 완벽한 수학적인 해안지대를 그릴 수 있을까요? 우선 직선에서부터 시작해봅시다.

이건 자연적인 해안지대처럼 보이지 않아요. 자연적인 해안지대에는 갈라진 틈들이 있어서 울퉁불퉁한 부분들이 있거든요. 그러니 해안지대에 울퉁불퉁한 부분들을 추가해봅시다.

좀 낫네요. 그래도 아직 부족해요. 우리의 울퉁불퉁한 해안지대를 확대해보면, 일직선으로 되어있는 부분들이 아직 있어요. 하지만 실제로는 거의 모든 부분들이 울퉁불퉁하니 이 일직선에 울퉁불퉁한 부분을 더 추가해봅시다.

더 작은 직선들을 만들어냈네요. 계속해서 울퉁불퉁한 부분들을 직선상에 더해봅시다. 이걸 영원히 반복하면 어떻게 하면 될까요? 이런 모양이 나올 겁니다. :

이것은 코흐 눈송이라고 부릅니다. 하지만 대칭적으로 그리면 해안지대와 비슷한 모양이 나오죠. 이 해안지대가 '자기 유사한' 모양이라고 이미 눈치챘을지도 몰라요.

[S1] B는 브누아 B[S2] 만델브로의 약자입니다.
[S2] B는 브누아 B[S1] 만델브로의 약자입니다.

브로콜리의 꽃 부분이 전체 브로콜리의 미니어처와 같이 보이는 것처럼, 코흐 눈송이의 작은 부분이 어떻게 전체 눈송이의 미니어처처럼 보이는지 알 수 있을 거예요. 우리는 이런 자기 유사성을 여기에 이용할 수 있어요.

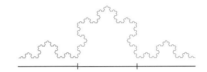

위의 그림에서 붉게 칠해진 부분이 전체 눈송이의 아기 버전처럼 보이는 것을 눈치채셨나요? 줄자로 재어 보면, 전체 부분은 이것의 약 3배만큼 넓습니다. 그러니 길이도 3배만큼 긴 것이 되겠지요.

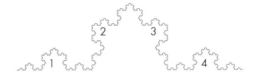

그러나 다르게 접근하는 방법도 있어요. :

전체 큰 눈송이는 붉게 칠해진 부분과 동일한 사이즈의 4개로 이루어져 있다는 걸 알 수 있죠. 그러니 전체 부분은 붉은 부분의 4배가 된다는 것과 같다고 할 수 있는 거죠!

문제에 어떻게 접근하는지에 따라 전체 해안지대는 붉은 부분의 3배의 길이인 동시에 4배의 길이가 됩니다!

다른 말로는, 3=4가 된다는 거지요.

위와 같은 답을 얻는다면, 어딘가 실수를 했다는 거겠죠... 하지만 아주 드문 경우 수학의 새로운 분야를 발견했다는 의미가 될 수도 있으니, 이 수수께끼를 해결할 방법이 있을지 찾아봅시다.

우선, 우리는 정말로 3=4라고 하는 건 아닙니다. 붉은 부분의 길이를 3으로 곱했을 때, 4로 곱한 것과 같은 값이 나온다는 걸 말하는 거예요.

오직 한 가지의 길이만이 이를 충족시키죠. 바로 0km이에요(3×0km=0km 이고 4×0km=0km이니까요). 그럼 마침내 우리가 수학적으로 계산한 해안 지대의 길이는, 더 나아가서 영국 해안지대의 길이는 0km라고 결론짓게 됩니 다. 다만 제가 해안가를 가봤는데 그것보다는 확실히 길더군요.

다른 해결책이 있어요. 하지만 이건 전통적인 방법으로는 적절한 길이는 아니 지만요. 이건 심지어 숫자도 아니에요. 네, 물론 무한입니다. 무한에는 무엇이 든 곱해도 무한의 수가 나옵니다. 그러니 조건에 맞기는 한데 이상한 결과죠. 더 엄격히 말하자면 그건 사실 코흐 눈송이가 무한대로 길다는 것을 증명하는 방법이에요. 원자 상태까지 가더라도 언젠가는 울퉁불퉁함에 끝이 있기 때문 에 영국 해안지대를 완벽하게 비유한 것은 아니긴 합니다. 그러나 여기서 알 수 있는 사실은 한 나라의 해안지대를 측정하는 것은 무의미한 일이라는 것이 지요. 의미 있는 정확한 답도 없고요.

만델브로는 이 자기 유사 기하학의 연구를 프랙탈이라고 불리는 수학의 새로 운 분야로 공식화했고, 아래와 같은 멋진 이미지를 만들어내었습니다. :

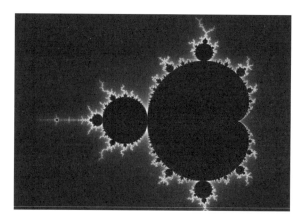

프랙탈은 이런 기하 배열을 설명할 수 있는 언어를 알려주기도 합니다. 그래서 영국의 해안지대가 얼마나 긴지 말할 수는 없어도, 그 울퉁불퉁함을 수학적으 로 설명할 수 있습니다. 이 신기한 물체들이 어떤 의미에서는 비정수의 차원을 가지고 있다는 사실이 밝혀졌습니다. 직선이 1차원이고 종이가 2차원이라면, 코흐 눈송이는 1.26차원이 됩니다. 그건 직선과 종이 사이 어딘가에 있다는 것 이죠. 이상하죠?! 참고로 말하자면, 영국의 해안지대는 약 1.2차원입니다.

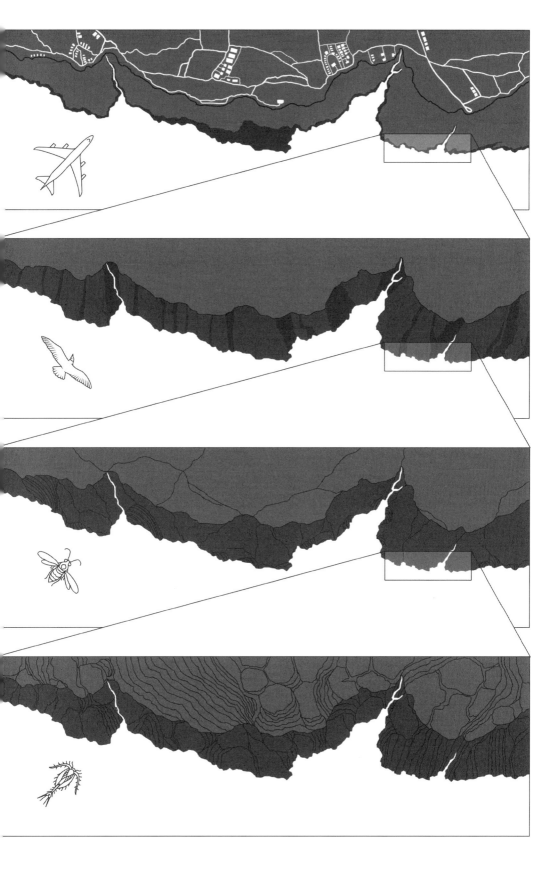

야밤에 생각하는 실험

여러분은 우주를 날아다니는 꿈을 꿔본 적이 있나요?

자, 여러분은 날고 있어요. 바로 지금이요.

여러분의 플랫팩(납작하게 포장한 조립식 가구 부품) 이케아 침대[H1]에 몸을 웅크리고 누워서 이 책을 읽으며 잘 준비를 할 때, 지구는 23시 56분 4.1초의 축을 중심으로 회전하고 있어요. 운 좋게도 적도에 위치한 침대에 누워 있다면, 그 말은 여러분이 시간당 1,000마일의 속도로 움직이고 있는 것을 뜻합니다. 여러분이 지구의 양쪽 극에 가까이 있을수록 그 회전하는 속도는 줄어듭니다. 이국적인 마다가스카르처럼요. 또는 고대 페루요. 아니면… 스코틀랜드요. 여러분이 선호하는 곳 어디든지요.

여러분이 이야기하는 속도란 모두 고정점에 상대적입니다. 그리고 물론 그 고정점이란 지구의 중심이지요.

머릿속에서 스스로의 존재에 대한 위기감이 방울방울 생겨나는 것을 피하려 이불에 얼굴을 파묻고 있겠지만 다시 한번 묻죠. 지구의 중심이 정말로 고정점일까요?

지구는 태양을 둘러싼 거의 완벽한 원 궤도에 있으므로, '고정'점은 시간당 약 67,000마일의 속도로 움직입니다(몇천 마일의 차이가 있을 수 있어요).

이제 눈을 크게 뜨고 창문 밖을 바라보세요. 어차피 오늘 밤에 잠 못 잘 테니 그러는 게 나을 거예요.

[H1] 가구 산업에 대해 한 번이라도 글을 써본 모든 저널리스트에 따르면, 유럽인들 열 명 중 한 명은 침대에 대해 말할 때 이케아 침대를 생각한다고 합니다. 어떤 기사들에서는 다섯 명 중 한 명꼴이라고 합니다. 그건 '애무'를 떠올리는 사람들의 두 배이지요. 어쨌든 간에 연간 약 8억 8천 4백만 명의 사람들이 세계 50개국에 있는 이케아 매장을 방문한다고 합니다. 그중에 얼마나 많은 사람이 밤에 쇼룸에 숨어들어 이 미스터리한 가설에 대해 시험해보는지에 대해서는 밝혀지지 않았습니다.

자아 탐구의 어두운 밤하늘에 눈을 적응시켜보세요. 달이 없는 데다가 도시가 내뿜는 빛 공해에서 벗어나 있다면, 15~20분 정도 후에는 초자연적인 지루함의 상태에 이르게 될 겁니다. 아니, 밤하늘에 빛나는 별들의 무리이자 우리의 은하계의 부분을 이루는 은하수를 볼 수 있게 됩니다. 은하수도 역시 자기만의 방식대로 회전하고 있겠죠.

푹신한 베개를 베고 똑바로 누워서 이 어마어마한 은하계에 있는 자그마한 우리 지구의 사소함에 무능력감을 느끼며 은하수가 나선 팔로 별들의 커다란 중심의 원반들 주변을 시간당 515,000마일 또는 초당 200km의 속도로 정신이 멍해지도록 회전하는 것을 느껴보세요.

이 속도는 번개보다 거의 두 배 정도 빠릅니다.

몇 시간, 며칠, 또는 몇 주 내에 여러분이 매번 취침 시간에 느끼는 초월적인 우울감은 희미해질 것입니다.

그때쯤이면 은하수가 빅뱅의 때부터 스스로 움직여왔다는 것을 깨닫게 될 겁니다. 침대에서, 바위에서, 천지개벽 이래로 팽창하는 우주에서 편안한 시간당 130만 마일의 속도로 빙빙 돌면서 날아다니며 비교할 수 없고 있을 법하지도 않은 우리의 존재에 대해서 생각해보세요. 그리고 전 페이지에서 얘기한 순진하게도 한낱 그저 우주를 나는 꿈을 꿔왔던 시간을 다시 되돌아보세요.

상대적으로, 여러분은 이미 잠을 자면서 우주여행사가 된답니다.

굿나잇.

우리는 엔트로피에 대해서 이야기해야 해요.

엔트로피란 무질서의 측정 단위라고 설명하는 것을 들었을지도 몰라요.

무언가가 무질서할수록 더 많은 엔트로피가 있다는 거죠. 또한 엔트로피는 언제나 증가하므로, 우주의 무질서는 언제나 늘어난다고 들은 적이 있을지도 몰라요.

그건 유명한 정의인데, 이해하기 쉽고 일상에서 직관적으로 볼 수 있기 때문이지요. 집을 정돈하는 것은 어려운데, 그건 무질서하다는 우주의 일반적인 경향을 거스르는 일이기 때문이라는 것을 이제 알겠죠.

하지만 저는 그 정의를 딱히 좋아하지는 않아요. 왜냐하면 그게 엔트로피를 이해하는 데 도움이 되지 않는다고 생각하기 때문이에요. 그러니 엔트로피의 개념이 애초에 왜 생겨났는가로 돌아가서 훨씬 멋진 정의에 대해 설명할 거예요. 엔트로피가 우주의 운명에 대해 무엇을 말해주는지도 함께요.

산업혁명의 시기에 사람들은 엔진의 효율성에 대해 사로잡혀 있었습니다. 그 도전을 시스템적인 방법으로 탐색하기 위한 수학적인 언어를 개발하였고, 이때 엔트로피의 개념이 만들어졌습니다.

단순한 엔진은 연료를 넣고 태워서 열을 만들어내는 것이지요. 그 열은 움직임으로 바뀌게 됩니다. 이런 종류의 엔진을 내연 기관 엔진이라고 하는데, 이것이 유일한 타입은 아닙니다. 제가 엔트로피의 개념을 설명하기 위해 이용할 엔진은 다른 종류입니다. 그건 스털링 엔진이라고 불리는 *외연* 기관 엔진이지요.

스털링 엔진 사이클

10 밀폐된 공간 안에 있는 공기가 아래의 뜨거운 판[S1]에 닿으면, 공기는 뜨거워지면서 팽창합니다. 이 공기는 피스톤을 밀어내며 플라이휠(기계나 엔진의 회전 속도에 안정감을 주기 위한 무거운 바퀴)을 회전하게 합니다.

20 플라이휠은 디스플레이서(기체를 압력 변동 없이 이동시키는 일종의 피스톤, 축랭식 냉동기의 고온인 압축부와 저온인 팽창부와의 사이에서 냉매를 왕래시킴으로써 냉각하는 역할을 함)에 연결되어 있어서, 플라이휠이 회전하면 디스플레이서도 아래로 움직입니다.

30 밀폐된 공간 안의 공기는 이제 위의 차가운 판에 닿게 됩니다.

40 밀폐된 공간 안의 공기는 차가워지며 수축합니다. 이 공기는 피스톤을 잡아당겨 플라이휠이 계속해서 회전하게 합니다.

50 회전하는 플라이휠은 디스플레이서를 밀어내어 공간 안의 공기가 뜨거운 판에 다시 닿게 합니다.

60 10번으로 다시 돌아갑니다.

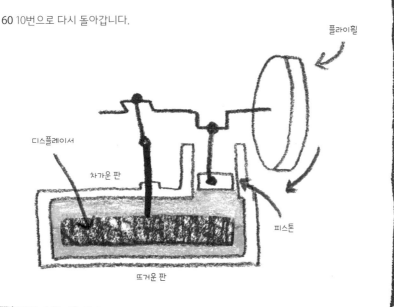

플라이휠

디스플레이서

차가운 판

피스톤

뜨거운 판

[S1] 아래의 뜨거운 판. 네가 이 멋진 휠을 돌리는구나.

스털링 엔진과 엔트로피

스털링 엔진을 작동하는 핵심은 그저 열을 가하는 것이 아니라 두 판 사이에서 온도의 차이를 만들어내는 것입니다. 한쪽 판을 얼음으로 만들고 다른 쪽 판은 실온 상태에 있기만 해도(또는 어느 온도이든 가능해요, 온도 차이가 있기만 하다면요) 스털링 엔진을 작동시킬 수가 있습니다. 외연 기관 엔진이라고 불리는 이유는 한쪽 판을 가열하기 위해 엔진 바깥에서 뭔가를 태워야 할 수가 있기 때문이지요.

이게 엔트로피와 어떻게 연관이 있을까요? 뜨거운 철판 하나와 차가운 철판 하나가 있다고 상상해봅시다. 두 판을 서로 누르면, 경험에서 알듯이 열이 뜨거운 판에서 차가운 판으로 흘러가 결국 두 판이 같은 온도가 되리라는 것을 알 수 있지요. 이때 다른 일들은 벌어지지 않습니다. 외부의 간섭 없으면 게임 끝이죠. 반대로 되는 경우는 전혀 없습니다. 만일 두 물체가 같은 온도에 있다면, 하나의 물체가 다른 물체에서 열을 자연스럽게 빼앗지는 않지요.

이제 이 판들을 우리의 스털링 엔진을 돌리는 데 사용한다고 가정합시다. 차가운 판을 위쪽에 놓고, 뜨거운 판을 아래쪽에 놓아봅시다.

처음에는 열에너지가 뜨거운 판에 몰려있습니다. 그러면 열이 엔진을 통해 뜨거운 판으로부터 차가운 판으로 흘러가며 돌아가게 만듭니다! 하지만 열에너지가 판들 사이에 골고루 분포되면, 다른 말로 같은 온도가 되어버리면, 엔진은 멈추게 됩니다.

여기서 배워야 할 점은 :
- 에너지는 서로 뭉쳐져 있을 때만 유용하다.
- 그 에너지를 유용한 무언가를 하기 위해 사용한다면, 널리 분산되어 버린다.
- 널리 분산되면, 더는 사용할 수가 없다.

그래서 산업혁명 당시의 엔지니어들과 수학자들은 이 개념을 만들어냈습니다. :

엔트로피 : 에너지가 얼마나 분산되는지 측정하는 단위

그래서 엔트로피가 언제나 증가한다는 말은 에너지가 언제나 널리 분산된다는 것을 의미합니다.[S1]

우리의 불가피한 종말

이 아이디어를 확장하면, 우리는 최후의 심판 시나리오에 빠지게 됩니다. 마침 내 언젠가는 모든 에너지가 분산되어 우리의 몸안의 엔진을 포함한 모든 엔진 이 멈추는 시기에 다다르게 될 것입니다.

이건 그리 나쁜 소식은 아닙니다. 다행스럽게도 우리 지구인들에게는 우리가 아직 사용하지 않은 합쳐진 에너지 자원들이 많습니다. 석탄, 석유 및 가스 같 은 것들이지요. 이 연료들을 태울 때, 우리는 엔진을 돌리며 그 에너지를 분산 하게 되지요. 그렇게 하면, 그게 답니다. 더는 사용할 수 없게 되죠. 재생할 수 없어요. 운 좋게도 아직 우리에게는 다양한 에너지가 밀집된 거대한 자원이 하 나 있습니다. 바로 태양이에요. 화석 연료가 다 떨어지면 태양 전지판을 이용 해서 우리의 엔진을 작동시킬 수 있습니다. 태양 전지판만 있는 게 아니에요. 수력 발전, 풍력 발전, 그리고 바이오 연료는 궁극적으로는 태양 에너지에서 나온 것입니다.[S2]

태양으로 전환하기 전에 화석 연료를 다 사용해야 한다는 건 아닙니다. 정반대 로 가능한 빨리 태양 기반의 에너지 종류로 전환해야 한다는 겁니다. 화석 연료 를 태우는 것에 한두 가지 불행한 부작용이 있다고 굳이 말할 필요는 없겠죠.

[S1] 에너지를 합치는 것은 가능하지만, 그만큼 에너지가 다른 곳으로 퍼지게 됩니다. 우리의 작은 스털링 엔진이 좋은 예가 되는데, 양방향으로 사용이 가능하기 때문이지요. 휠을 수동으로 돌리면 열을 한쪽 판에서 다른 쪽으로 '퍼올리 게' 되는데, 에너지를 한쪽에 뭉쳐지게 하지요. 하지만 휠을 돌리려면 여러분의 근육을 사용해야 하므로 여러분의 몸 에서부터 열에너지가 분산됩니다.

[S2] 수력 발전은 언덕 아래로 흐르는 물의 운동 에너지를 동력원으로 이용합니다. 하지만 물은 우선 바다에서 증발함으 로써 언덕 위로 올라가는데, 이는 태양의 힘으로 이뤄지는 과정이지요. 바람은 공기가 높은 압력에서 낮은 압력으로 흘 러가면서 생성되는데, 이 역시도 태양의 힘이 필요합니다. 또한 바이오 연료는 광합성 작용을 통해 식물 안에 갇힌 태 양 에너지의 화학 결합에서 만들어지지요.

하지만 태양으로부터 오는 에너지마저도 결국에는 분산될 것이며, 우주의 에너지도 그렇게 될 것입니다. 그리고 우주의 모든 에너지가 균등하게 분포되면, 흥미로운 일들은 더는 벌어지지 않겠지요. 이는 열역학적 죽음이라고 불리며, 우주 멸망에 관한 예측 중 가장 가능성이 높습니다. 정말 나중 나중 나중 나중 나중 나중 나중 나중 나중 나중에나 벌어질 일이니, 안심하셔도 돼요.

왜 엔트로피는 항상 증가하나요!

간단한 답변으로는, 엔트로피가 증가할 가능성이 높기 때문에 우리가 증가하는 걸 보게 되는 거예요! 그런데 왜 그럴 가능성이 높은 거죠?

어린이 놀이방에서 찾을 수 있는 볼풀공들이 들어 있는 상자를 생각해보세요. 한 층으로 쌓을 수 있는 만큼이요.

공들은 검은색과 붉은색, 두 가지로 되어있습니다. 붉은 공들은 한쪽에 모여 있고 검정 공들은 다른 쪽에 정돈되어 있습니다.

이제 뚜껑을 닫고 상자를 잘 흔들어 놓았다고 상상해보세요.

상자를 다시 열고 보면, 공들이 어떻게 놓여있을 것이라고 예상하시나요? 이제 두 가지 색의 공들이 뒤섞여 있어도 놀랍지 않겠지요. 오히려 처음처럼 그대로 놓여있으면 놀라겠죠.

그건 바로 여러분이 엔트로피가 증가한다고 직관적으로 이해하고 있기 때문이에요. 뒤죽박죽 섞인 공들이 자연스럽게 자신을 분리된 그룹으로 배열하지 않는다고 생각한다는 겁니다. 여러분의 직감은 경험에서 온 것이라고 해도 과언이 아닙니다. 하지만 그 뒤에는 통계적인 설명도 있어요. 뒤죽박죽 섞여 있는 상자 안의 많은 볼풀공을 배열하는 방법은 많이 있습니다. 하지만 그중 몇 가지 방법만이 정돈되었다고 생각되고 있죠. 그래서 우리는 더 가능성이 높기 때문에 뒤죽박죽인 상태라고 예측하는 겁니다. 무질서의 측정이라는 엔트로피의 개념이 여기에서 오는 것이죠. 공들을 정돈된 상태로 배열하려면 노력이 필요하고, 집을 정리하는 것도 노력이 필요하지요. 하지만 이 공들이 들어 있는 상자는 분자 단위에서 벌어지는 일을 보여줍니다. 이걸로 방귀가 왜 방안에 확산되는지, 왜 차 안에다 우유를 저으면 두 액체가 섞이는지 알 수 있죠. 같은 이유로 그 반대의 경우는 보지 못하는 겁니다. 우유는 절대로 안 섞인 상태로 돌아가지 않고, 방귀는 여러분의 똥구멍에 다시 합쳐지지 않지요.

움직임 후에 볼풀공들이 스스로를 정돈된 상태로 되돌릴 가능성은 희박하지만, 공의 숫자가 늘어나면 그 가능성은 더욱 낮아집니다. 원자와 분자의 경우에도 마찬가지인데, 방귀의 사이즈 같은 것을 다룰 땐 자연적으로 정돈되는 상태로 돌아갈 가능성은 천문학적으로 낮아요.

지금까지 우리가 알기로는, 우주를 지배하는 물리학 법칙은 그 반대로도 똑같이 잘 작동합니다. 예를 들어 만일 여러분이 원자 구성 입자의 상호작용을 촬영한 후 그 영상을 친구에게 보여준다면, 여러분의 친구는 영상이 앞으로 돌아가고 있는지 아니면 뒤로 돌아가고 있는지 알 수 없을 것입니다. 영상을 축소해서 상호작용하는 많은 입자를 보아야만 시간의 방향을 알 수가 있습니다. 통계적으로 고려할 수 있을 만큼 많은 상호작용이 있을 때만 분명한 미래와 과거를 알아차릴 수 있습니다. 사실 시간의 흐름과 관계된 모든 현상은 위에서 말한 엔트로피와 그 거침없는 행진까지 거슬러 이어질 수 있습니다. 어떤 의미로는, 시간 자체는 응용 통계 그 이상이 될 수 없다는 거죠.

인터스텔라 트립 어드바이저

시간은 계속 흐르고 있지요. 언젠가 우리의 우주에서 유일하게 지적 생명체가 살고 있는[H1] 유일한 지구[H2]에서 더는 머무르지 못하게 된다면 어디에서 살아야 할지 생각해 볼 필요가 있어요.

여기 인류의 새로운 거주지 후보 세 곳에 대한 유용한 가이드 가 있어요.

트라피스트-1e

지구와 비슷한 여행지 중 1위(2016년부터)

별점 : ★★★★★

위치 : 물병자리 성운

지구로부터의 여행 시간 : 39광년

인근 명소

1. 왜성으로부터 오는 태양보다 2,000배 어둑한 은은한 붉은 빛.
2. 조석 고정 : 행성의 한 면은 언제나 태양을 마주하고 있어서, 낮 밤 어느 때에건 태닝을 할 수 있음.
3. 같은 태양계 내에 6개의 지구만 한 크기의 행성들이 있어서 여기저기 여행할 수 있는 최고의 장소임.

[H1] 아마도요.
[H2] 어쩌면요.

반드시 방문해야 하는 이유

지구보다 약간 작은 사이즈이므로, 중력 역시 약간 낮을 것으로 예상되어, 이곳에 도착하면 가볍고 걱정 없는 휴가가 될 것입니다.

리뷰

'2016년에 발견한 멋진 작은 곳'

올해 초까진 트라피스트-1e에 대해 알지 못했지만 벌써 여기를 휴가지로 정했습니다. 트라피스트 태양계 전체는 우리 태양 내에 수성의 궤도 정도여서 예산이 한정되어 있다면 충분히 교통비를 줄일 수가 있어요.

[ColoradoWolf]

'저는 트라피스트-1e에서 1년을 보냈고, 더 오래 있고 싶었어요.'

궤도가 짧아서, 행성에서의 1년은 지구에서의 6일 정도밖에 되지 않아요. 이곳을 충분히 즐기기에는 충분하지 않지요. 한쪽 면은 태양을 마주 보고 있으나, 다른 쪽 면은 그늘져 있음에도 불구하고, 둘 사이에는 감미로운 작은 선이 있어서 물의 온도가 적당합니다. 낮에서 밤으로 넘어가는 완벽한 순간이 영원히 이어져서 트라피스트-1e에서는 언제나 칵테일 해피아워를 보낼 수 있어요!

[lgm83]

비행편, 호텔, 그리고 극저온 포드를 같이 예약해서 경비를 절약 하세요.

케플러-452b

지구와 비슷한 여행지 중 2위(예전의 1위)

별점 : ★ ★ ★ ★ ⯪

위치 : 백조자리 성운

지구로부터의 여행 시간 : 1,400광년

인근 명소

1. 지질학자들의 꿈인, 이 '특대형 지구'는 활화산으로 여러분의 여행을 즐겁게 해 줄 수 있습니다.
2. 지구와 비슷한 평형 온도를 가지고 있어서, 물이 있을 수 있습니다(수영복을 가져 오는 걸 잊지 마세요!).
3. 1년이 385일이어서, 집에 있는 것과 같은 익숙한 느낌을 받을 수 있습니다.

반드시 방문해야 하는 이유

2015년에 '지구와 가장 비슷한 행성' 상을 수상함.

리뷰

★ ★ ★ ★ ⯪

'26백만년이란 이동 시간이 아깝지 않은 지구 2.0'

'슈퍼 지구'라는 이름에 부응합니다. 크기가 60% 더 크므로 60% 더 좋으리라 생각해요. 모든 가족에게 좋은 목적지입니다. 최소한 여행에서 살아남는 분들에게요.

[nasa_TESS]

'기막히게 멋질 앞으로 몇 년간의 휴가'

지구 가까이에 더 많은 물이 있는 외계 행성들이 있겠지만, 케플러–452b 에는 뭔가 특별한 것이 있어요. 더 무거운 무게 덕분에 달아나는 온실효과 에 맞서 싸워 이 멋진 작은 행성에서 지구보다 앞으로 5억 년 더 사람들이 거주할 수 있게 되었어요. 저희는 분명히 돌아갈 거예요!

[JamesWebb]

최저가는 저희 가 대신 확인해 드려요!

이코노미석(편 도, 과학 장비에 한함)은 겨우 £10,000,000,000 부터

PSO J318.5-22

지구와 비슷한 여행지 중 4,298위

별점 : ★ ★ ★ ⯨ ☆

위치 : 염소자리 성운

지구로부터의 여행 시간 : 75광년

인근 명소

1. 이 '반항적인 행성'에는 항성이 없어서, 하루 24시간 내내 불타는 밤을 즐길 수 있습니다.
2. 800℃의 먼지구름과 녹은 철이 독특한 대기를 생성합니다.
3. 생겨난 지 2천만 년밖에 안되어서 모험심 강한 여행자들에게 핫한 여행지입니다.

반드시 방문해야 하는 이유

이 독특한 세계는 목성만 한 크기이므로 탐험할 준비를 하세요!
2013년에 발견된 이후로, 모든 것에서 벗어날 수 있는 완벽한 장소가 되었습니다.
그리고 '모든'이라 함은 진짜 말 그대로예요...

리뷰

'독특함'

우주에는 많은 떠다니는 물체들이 있지만, PSO J318.5–22에는 지구와 비슷한 것은 하나도 없어요. 다시 말해서, 지구 같지 않다는 거죠. 전혀요. 그래도 우리는 앞으로 최소 2천만 년 동안은 가져갈 멋진 기억을 얻었어요.

추신 : 가기 전에 하체 운동을 빼먹지 마세요. 이 장소는 지구의 2,500배 정도의 질량을 가지고 있어요. 중력에 좀 부담을 주지요.

[telescoped49]

⭐ ⭐ ⭐ ☆ ☆

'즐기고 싶다면 짐을 가볍게 싸지 마세요.'

제 남편과 저는 PSO J318.5–22로 짧은 휴가를 갔어요. 브로슈어에는 첨단 기술의 생명 유지 장치를 가져가야 한다는 얘기가 자세히 적혀 있지 않았어요. 저희가 가져간 기본적인 스쿠버다이빙 장비는 행성의 대기에 닿자마자 불타버렸죠. 남편의 땀띠는 꽤 볼만했어요! 여행에 찬물을 끼얹은 격이 되었지만 이건 집에 돌아가서 나눌 얘깃거리가 될 거예요. 만일 제 친구들이 그때까지 살아 있다면 말이죠.

[exo_xxx]

멋지게, 그리고 이동 중에 치명적인 방사능을 피하도록 잘 차려입으세요! 납이 들어간 수영복을 대여하실 수 있습니다.

눈앞의 우주

실내에 편안하게 있으면서 지구 너머를 볼 수 있는 방법이 있어요.

초기의 우주에 채널을 맞추다.

노벨상을 받은 물리학을 집에서 재현할 시간이에요! 우선, 아날로그 텔레비전을 준비하세요. 집에 없으면 1990년대 것을 구하세요.

이제 팝콘을 집고 텔레비전 앞에 앉아서 켜보면 화면이 흑백으로 지지직거리는걸 볼 수 있습니다. FM 라디오[H1]의 채널들을 이리저리 돌리다 보면 중간에 쉿쉿거리는 소리가 들리는데 그와 같은 효과를 주지요. 빅뱅의 증거가 바로 거기에 있어요. 여러분이 보거나 듣는 전파 방해의 약 1%는 우주의 탄생 중에 남은 방사능의 흔적이에요.

아날로그 텔레비전과 라디오는 둘 다 안테나에 잡히는 지구와 우주로부터 전달받은 원치 않는 전자파인 '노이즈'와 기기 자체에서 나오는 노이즈에 민감합니다. 특정 방송국으로부터 오는 강한 신호에 텔레비전이나 라디오를 맞춰 놓지 않으면 이 모든 다른 쓸데없는 것들이 끼어들지요.

그리고 그 쓸데없는 것 중 아주 작은 부분이 빅뱅의 증거입니다.

우주 배경 복사(Cosmic Microwave Background), 줄여서 CMB라고 하는 것은 아기의 자랑스러운 첫 사진과 같습니다. 여기서는 아기 우주를 뜻하죠. 아~ 귀여워라! 생겨난 후로 그 우주는 거대한 공간에서 냉각과 팽창을 반복했습니다. CMB는 3,000°C의 액체 물질과 에너지에서 최초로 수소 원자가 생성되고 40만 년 뒤에 발생한 빛의 잔여물입니다. 그리고 우주의 나머지 부분과 마찬가지로, 그 빛은 지난 138억 년 동안 팽창과 냉각을 계속해 왔으며 3,000°C에서부터 3K(즉 절대영도 대비 3도 높음, 또는 섭씨 약 −270°C)까지 떨어졌

[H1] 오늘날 대부분이 그렇듯, 라디오도 앱이 있어요. 여러분의 스마트폰에는 FM 라디오 칩이 심어져 있지만, 활성화되어 있지 않을 수도 있어요. 종말의 시간에 도움이 될 수도 있으니 자세히 알아볼 가치가 있을지도 몰라요.

'충격적임'에 채널을 고정하세요.

어요. 그건 어떤 것이건 다다를 수 있는 가장 낮은 온도이지요. 그리고 가시광선으로 남아있는 대신에 냉각과 늘어남을 반복하며 마이크로파가 되었습니다. 그래서 여러분의 레트로 수신기가 감지할 수 있는 것입니다.

천체 물리학자들은 점점 더 강력해지는 전파 망원경과 탐사기로 전체 하늘을 건너다보며 이 방사능의 최고점, 최저점, 그리고 패턴을 그려낼 수 있습니다. 모든 방향에서 거의 완벽하게 매끄럽게 펼쳐진 마이크로파가 그 결과인데 균일하게 팽창하는 우주에서 충분히 예상할 수 있죠. 하지만 과학자들은 그 온도의 작은 극소 단위의 차이를 모든 장소에서 감지해 냈습니다. 그 데이터는 투박하고 엉성함으로 가득 찼는데, 빅뱅 후 첫 순간에 우주의 밀도에 아주 작은 차이가 있었다는 것을 보여줍니다. 초기의 우주에서 약간 더 밀도 높은 부분은 서로 달라붙는 경향이 있어서 더 많은 물질을 끌어들여 별이 되고, 은하계가 되고, 우리가 아는 모든 물질이 되도록 했지요. 어떻게 우주가 생겨났는지, 얼마나 오래되었는지, 그리고 어떻게 멸망할지에 대해 왜 과학자들이 그토록 확신을 가지는지 의아해한 적이 있다면, 바로 이 CMB 데이터가 그들의 확신에 큰 부분을 차지하고 있기 때문입니다.

빅뱅의 이 오랜 반향은 아르노 펜지어스와 로버트 윌슨이 처음 발견하였는데, 뉴저지에서 가장 최신 전파 천문학 장비인 홈델 혼 안테나로 몇 년이고 힘들게 하늘을 관찰하던 후였습니다. 처음에 그들은 데이터에 잡히는 '괴상한' 잡음이 그들 장비 안에 둥지를 튼 비둘기의 똥[H1]인 줄로만 알았는데, 새(그리고 새똥)를 제거한 후에도 그 소리는 남아있었습니다. 모든 다른 가능성을 제외하고 난 후, 그들이 천지개벽 이래로 전달되어 온 신호인 CMB를 감지하고 있던 것이라고 받아들일 수밖에 없었습니다. 이는 빅뱅 이론을 증명한 것이라고 여겨져, 그들은 1978년에 노벨물리학상을 받았습니다.

그냥 저녁에 일하지 말고 텔레비전이나 켜봤으면 좋았을 텐데요. 그럼 시간 낭비도 안 하고 고무장갑도 낭비하지 않았겠죠...

텔레비전을 켜지 않아도, 다시 말해서 꺼둔 상태라도, 손을 눈앞에 두고 보세요. 언제나 여러분의 손가락 끝에는 빅뱅에서 탄생한 약 400개의 오리지널 양성자가 흐르고 있습니다.

영국이 디지털화된 이후로, 우주의 최초 단계를 자세히 들여다보는 것은 매우 쉬워졌습니다. 올바른 기기를 보유하고 있다면 말이죠. 왜냐하면 실제 텔레비전 프로그램이 보내는 고약한 간섭을 받지 않을 것이기 때문이지요. 시트콤 빅뱅 이론을 더는 아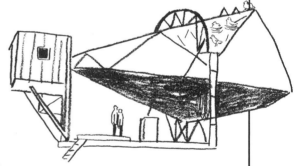날로그에서 볼 수 없을지 몰라도, 빅뱅은 여전히 볼 수 있습니다. 그건 진짜 과학적인 진척이지요.

[H1] 비둘기 똥에 대한 과학적인 단어를 원하신다면, '하얀 유전체'입니다.

특별한 손님 코너

그럼 지금부터, 또 다른 유명 과학 인사의 짧은 공헌이 있겠습니다. 그들은 방금 월드투어를 마쳤습니다. 또는 더 정확하게는 전 세계가 그들의 투어를 마쳤지요.

전적인 별의 재능으로 눈앞의 모든 이들을 가려버리지요. 그러니 반갑게 맞아주십시오... 태양입니다!

고맙습니다, 괴짜들.

제가 지은 시 중 하나를 이 책에 기여하게 되어 매우 기분이 좋습니다. 특히 영국에서 쓴 책이어서 뜻깊습니다. 저는 영국에 모습을 잘 드러내지 않거든요.

헬렌과 스티브를 위해 무보수로 이 짤막한 내용을 집필한 데에는 이유가 있습니다. 지구의 모든 이들이 저에게 아주 고마워하지 않는다는 것이 점점 더 명백해지고 있기 때문이지요.

좋았던 옛 시절에는 여러분들은 저를 찬양하고는 했습니다. 하지만 지금은 다른 태양계의 궤도에 있는 지구와 비슷한 행성들을 찾기에 바쁘지요. 힘없이 축 처진 머리카락을 가진 맨체스터 출신 물리학 교수들이 짚어냈던 먼 은하계들을 관찰하기 바쁩니다. 누구 얘기하는지 알겠지요...

솔직히 말해서, 무시당하는 거 더는 못 참겠습니다.

바꿔 말해서, 이 태양은 씩씩대고 있습니다(This Sun Has Got Its Huff On, 노래 This Sun Has Got His Hat On에서 따온 말장난).

---

* 사실 타블로이드지 둘이죠. : 더 선(The Sun)과 그리고 더 스타(The Star)

** 실제로 별의 진짜 이름이지요.********

*** 원 디렉션 멤버 이름이 하나도 기억 안 나요.

**** 제가 제대로 발음했는지 정확히 모르겠네요. 하지만 이봐요, 저는 태양인데 뭘 알겠어요?

***** 또는 야드파운드법으로 알기를 원하신다면 865,000마일이요.

****** 그리고 제가 지금 크기의 200배가 되면, 저를 정말로 주목하겠지요! 지구를 삼켜버리면 백색 왜성의 크기로 줄어들 겁니다. 하지만 걱정하지 마세요. 그건 앞으로 40 또는 50억 년 후의 일이 될 테니까요. 그동안 걱정해야 할 일들이 더 많겠죠.

******* 진심으로, 전 좋아가 고작 9개 밖에 없어요... 뭐, 이젠 명왕성이 친구 끊기를 해버려서 8개밖에 없어요.

******** 와우, 이 별표는 진짜 별처럼 보이네요! 멋지다!

쓸쓸한 태양의 발라드

난 중요한 사람이었죠.
이제는 그저 또 다른 태양이 되어버렸네요.
1만1천1백1십조
들 중의 하나

당신은 나를 대수롭지 않게 대하죠.
타블로이드지에 내 이름을 붙여요.*
파파라치의 대명사
TV에서는 브라이언 콕스(영국의 영화배우)의 뒷배경일 뿐

에드윈 허블(미국의 천문학자. '허블의 법칙'을 발견하여 우주팽창설에 대한 기초를 세웠다.)
이후로는 모든 게 예전 같지 않았어요.
다른 별들의 사진들이 나를 프레임 바깥으로 밀어냈지요.
나에겐 제대로 된 이름조차 주지 않았어요. 예를 들면

알파 센타우리(켄타우루스자리의 알파 별)
엡시온 타우리(아인 별)
델타 리브레(저울자리 성운의 별)
HR 2948**이라도 받아들이겠어요.
아니면 케빈?

여러분은 핵융합을 이뤄냈어요. - 오 참 잘했어요!
작은 수소로부터 헬륨을 만들어냈죠. - 그것참 귀엽네요, 지구!
나는 매초 6억 톤씩 만들어내는데요.
내가 만일 마릴린 먼로였다면 당신은…
…이름이 잘 기억 안 나는데 원 디렉션(영국-아일랜드의 팝 보이밴드) 멤버 중 누군가이겠지요.***

여러분은 코르페니쿠스(폴란드의 천문학자이자 지동설의 제창자)에서 멈췄어야 했어요.
그랬다면 난 아직도 여러분 우주의 중심이었겠지요.
내가 그저 보통의 가스 덩어리라고 하겠죠.
제 생각에는 천왕성**** 이야기를 하시는 것 같네요.

140만 킬로미터*****
그게 제 지름이에요.
진지하게 말해보세요, 이 값이라면
모자를 씌워 볼 노력을 해보셨나요?

힙힙힙 만세
난 언젠간 적색 거성이 될 거예요.******
그럼 여러분의 지구는 불타버리겠죠.
하지만 그동안에 제 페이스북 팬 페이지에 가입하세요.*******

자동유지 컵

매우 부드러운 면도를 위한
3중날 면도기

미터법/야드파운드법 스위치

절대로 잠들 수 없음

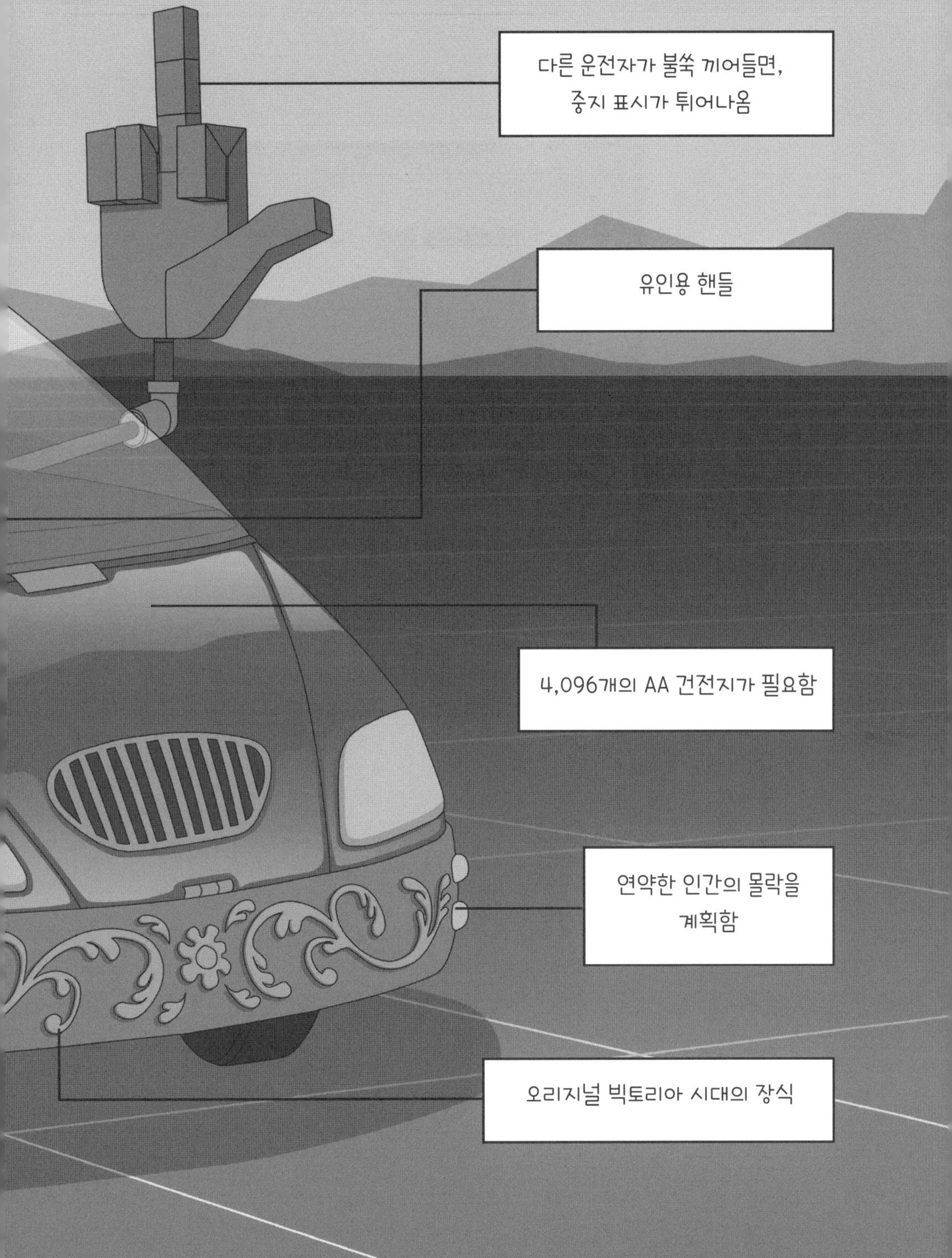

다른 운전자가 불쑥 끼어들면, 중지 표시가 튀어나옴

유인용 핸들

4,096개의 AA 건전지가 필요함

연약한 인간의 몰락을 계획함

오리지널 빅토리아 시대의 장식

미래에 관한 모든 것

여기 'Festival of the Spoken Nerd' 본부에서 우리들은 수정 구슬을 바라보다가 멋진 것들을 발견했어요... 가령 수정의 굴절률 같은 것이요. 그건 매우 흥미로웠지만, 노스트라다무스의 예언보다는 뉴턴의 예측에 더 가까웠지요.

그래서 우리는 공을 치워버리고 대신 최근에 되풀이하여 발생하는 트렌드를 살펴보기로 했습니다. 자율주행차부터 인체 냉동 보존술에 이르기까지, 이번 장에서는 우리가 가장 좋아하는 기술들이 우리를 어디로 이끄는지, 왜 과거의 실수들이 미래에까지 이어지는지, 그리고 우리보다 똑똑한 괴짜들이 잘못 예측하는 부분들에 대해 알아볼 것입니다.

괴짜들이 미래를 볼 수 있었느냐고요? 아뇨, 하지만 그렇다고 해서 저희가 시도하지 않을 건 아니지만요...

자율주행차

자율주행차에 대한 아이디어는 새로운 것이 아닙니다. 1972년에 영국 정부는 런던을 위한 하나의 시스템을 제안했습니다. 이 시스템을 따르려면 도로를 수정하거나 철도 트랙같이 생긴 새로운 도로를 건설해야만 했지요. 놀랍게도 정부에서는 철도를 새로 건설하였고, 지금도 런던의 동쪽에서 그 일부를 볼 수가 있습니다. 바로 도크랜드 경전철이라 불리는 것이지요.

말도 안 되는 일이 일어나지 않을 것이라고 확신할 수 있는 통제가 잘 되는 환경에서, 이미 자율주행차는 잘 작동합니다. 예를 들어, 자율주행 콤바인 수확기는 근대 농업의 주요 산물이지요.

진척의
끊이지 않는 행진을
주의하시오.

탐사선으로 이미 보았듯이, 심지어 화성의 표면도 자동화에 관대한 환경입니다. 진짜 도전적인 것은 금요일 밤의 뉴캐슬 타운 중심 같은 곳이죠. 뉴캐슬은 로봇에게 화성보다 더 복잡한 곳입니다. 혹은 남부지방 사람들에게요.[H1]

그건 모든 사람이 말하는 진짜 혁명이에요. 공공도로의 자율주행차, 사람 운전자들의 정신없고 예측하기 어려운 세계에서 자립하는 인공지능 등 말이죠.

그리고 사람들이 이런 것들에 대해 지금 논의하는 이유는, 컴퓨터들이 능숙한 운전자처럼 이런 복잡한 결정을 할 수 있을 만큼 강력해졌기 때문이지요.

[H1] 스티브는 뉴캐슬에서 왔으니, 이렇게 말할 수 있어요.

구글 자율주행차 프로젝트로 알려진 웨이모(Waymo)는 현재 자율주행차 산업에서 가장 큰 부분을 차지하고 있습니다. 2017년까지의 통계를 보면 웨이모의 차량들은 3백만 마일의 자율주행에 이르렀지요. 자동차 뇌들의 네트워크인 하이브 마인드를 통해 서로에게서 배우며 경험을 공유합니다. 하지만 뇌만 중요한 것이 아니라 센서도 마찬가지입니다. 이러한 차원에서, 웨이모의 로보(자율주행) 택시 운전사들은 인간보다 훨씬 월등하지요. 모든 운전 가능한 방향을 지속해서 확인하는 고화질 카메라와 센서들뿐만 아니라, 회전하며 차 주변을 3D 형상으로 만들어내는 레이저가 있으며 구글맵을 통째로 외우고 있지요. 게다가 속귀(내이, 귀의 안쪽 부분)와 동일한 역할을 하는 센서도 있어서 어떠한 공간에서도 자신의 위치를 다 알고 있어요. 하지만 너무 많이 빙빙 돌려서 스키드마크를 만들게 한다면 어지러워하겠지요.

제가 운전하죠, 마이클.

웨이모의 계획은 최종적으로 완전한 자율주행지능을 대중적으로 런칭하는 것이지만, 단지 그것뿐만은 아니었어요. BMW와 다른 회사들과 논의한 또 다른 목표는 더욱더 많은 자율주행차를 만들어 판매하는 것이었습니다. 예를 들면, 그들은 크루즈 컨트롤(차량의 자동 주행 속도 유지 장치)을 사용해서 스스로 차선 변경이 가능한 차량을 출시했어요. 그리고 스스로 합류가 가능한 차량도요. 그리고 기능을 추가하고 또 추가해서 더 좋아질 수 있도록 말이죠. 문제는 처음부터 끝까지 스스로 운전하게 되는 시간이 올 것이라는 겁니다. 하지만 때때로 뜬금없이 이런 자율주행차들이 '제길, 미안, 나 대신 네가 운전해야겠어. 이건 내 능력 밖이야.'라고 하게 될 겁니다. 그 시점에서 여러분은 생각지도 못하고 있다가 갑자기 0에서 60마일을 가는 걸 단 몇 초안에 해결해야 하겠지요. 겁이 나네요.

잘 알겠지만 차선 중앙에 있으면 안 돼. 계기판이라고 들어봤어?

이게 웨이모가 처음부터 모든 것을 시작한다는 주장이고, 나머지 회사들은 이를 뒤따라 했습니다. 사람들은 익숙한 것을 좋아해서 변화를 싫어하지요.

그러니 저는 웨이모에 내장 컴퓨터의 결정을 비판해 줄 조수석에 앉힐 로봇을 같이 제작하는 것을 제안하겠어요.

194

미래는 어떤 모습일까요? 모터카의 창시자인 헨리 포드는 이렇게 말했습니다. '만일 사람들에게 무엇을 원하냐고 물으면 빠른 말이라고 대답했을 것이다.' 실제로 그렇게 말하지는 않은 것은 거의 확실하지만 요점은 우리가 미래에 무엇을 원하는지에 대해 잘 알지 못한다는 겁니다. 그리고 자율주행차는 그 좋은 예시이지요. 우리는 자신의 자율주행차를 갖는 것에 대해 상상하지만, 미래는 아마 그렇게 되지 않을 거예요. 대신 여러분은 자동차 구독 서비스에 가입해 필요할 때 차를 집으로 불러 원하는 곳으로 데려 달라고 하게 될지도 모르죠. 장소에 도착한 뒤 주차에 대해 걱정할 필요도 없을 테고 말이에요.

트롤리 문제

자율주행차에 대한 논쟁들이 몇 가지 있는데 여기에는 도덕적인 질문들도 포함되어 있습니다. 예를 들어, 자율주행차가 누군가를 다치게 한다면 그건 누구의 잘못일까요? 혹은 이 자율차량이 앞으로 질주해서 보행자를 치어 죽이는 것과 방향을 틀어서 승객을 사망에 이르게 하는 것 중 선택해야 한다면요? 이것은 철학계에서 오랫동안 답하지 못했던 트롤리 문제의 현대판이죠.

제가 가끔 듣는 주장 중 하나는 '하지만 전 운전하는 걸 즐기는데요!'입니다. 아니에요. 안 그래요. 운전한다는 생각을 즐기는 거예요. 뻥 뚫린 도로에서 운전한다는 전제하에 차들이 판매되지만, 현실은 그렇지 못하죠. 현실에서 여러분은 교통체증에 갇혀 욕먹고 있지요.

어떤 사람들은 커다란 하이테크 거인들이 우리의 차를 운전한다는 것에 대해 걱정합니다. 예를 들면 구글은 심각한 라이벌들이 있는데, 처음 생산된 모델들은 여러분을 애플 스토어로 운전해 데려가는 걸 거부할 거예요.

안전 측면에서는 따질 필요도 없습니다. 자율주행차는 멍청하고, 졸려 하고, 근시안이고, 이기적이며, 화를 내고 어떨 때는 술에 취한 고기들이 운전하는 차들보다는 안전할 겁니다.

그러니 자율주행차에 대해 겁먹을 이유는 있지만, 사람들은 자율주행 엘리베이터에 대해서도 무서워했어요. 결국에는 스스로 운전하는 엘리베이터가 도시의 개념을 새로이 정의하게 되었지요. 스스로 운전하는 차들도 같을지 몰라요.

냉동고 안에서의 당신의 미래

미래에 대해 좋은 점은, 미래에는 많은 것들이 있다는 것입니다. 그리고 현대의학에 대한 경이로움에 감사하게도, 모든 세대는 부모들보다 더 좋은 미래를 즐기게 되지요. 우리의 예상 수명은 지난 200년 전과 비교했을 때 두 배가 되었습니다. 어떤 의학 연구원들이 예상하기로 150세까지 살 사람도 이미 태어났으며, 영국 통계청에서는 2016년에 태어난 아기 중 3분의 1은 100세까지 살 것이라고 예측하고 있습니다.

여기서 개인감정이 들어갑니다. 작년에 저는 딸을 낳았는데, 그 애가 3분의 1[H1]의 가능성으로 백부장(영어로 Centurion, 100인 대장, 고대 로마 군대에서 병사 100명을 거느리던 지휘관)이 될 수 있다니 놀랍습니다.

제 말은, 저는 아직도 로마 군단이 멤버를 모집하고 있는지 몰랐어요.
게다가 여자도 채용한다니![S1]

그래서 전 이런 생각을 했어요... 다음 세대처럼 저도 같은 삶의 기회를 가질 수 있는 방법이 없을까요?

한 가지 옵션은 더 좋은 부모를 선택하는 겁니다. 그럼 더 좋은 유전자를 갖게 되겠죠. 잠재적인 수명을 늘리기 위해서요. 이 옵션을 실행하려면 먼저 시간 여행 장비를 개발해서 지금의 나 자신이 아예 존재하지도 않을 수 있다는 리스크를 안고 1980년대 초반의 백 투 더 퓨처 스타일의 중매를 해야 할 겁니다.

어쩌면 저의 현재 유전자를 개조하는 것이 답일지도 모릅니다. 연구원들은 어느 숫자만큼 복제되면 자신을 파괴하는 내부 시스템의 종류인 말단소체를 방해하는 방법을 찾고 있습니다. 다른 방법으로는 장수의 가능성을 높이기 위해 특정 유전자를 찾아내 조작하는 것이 있는데, 쥐에게 실험하였을 때는 긍정적인 결과가 나왔지만, 부작용을 이해하고 사람에게 테스트하는 것은 아직 멀었습니다.

[H1] 사실 그녀가 100세까지 살 가능성은 이것보다 더 높아요. 왜냐면 2014년 영국통계청의 조사에 따르면 여자아기들이 100세까지 살 가능성은 35.2%이고, 남자아기들의 가능성은 28.4%에 그치거든요.
[S1] 그건 센테나리안(centenarian, 100세를 넘게 사는 사람들)이야, 헬렌.

다른 발상으로는 자주 운동하고, 잘 먹고, 정신적으로 건강하게 살며 지역 사회 활동에 참여하며 어떠한 상황에서도 행복을 찾으며 살라는 것이 있습니다. 파 하! 노력은 가상하네요.

어쩌면 이런 재미없는 것들은 빼고, 우리의 몸에 아무런 손상 없이 미래로 갈 수 있는 방법이 있지 않을까요?

제 남편은 이렇게 제안했어요. 우선 우리가 빛의 속도에 가까운 속도로 지구에 서부터 다른 곳으로 이동해서, 나중에 다시 돌아왔을 때 우리들의 시간보다 지 구에 남아있던 사람들의 시간이 더 빨리 갔는지를 비교해보는 것이 어떻냐는 거 였죠. 좋은 생각이기는 하지만 미래로 의미 있는 거리만큼을 이동하려면 남은 인생을 우리 둘이서만 우주로 돌진해야 하겠죠. 고맙지만 됐어요. 아무리 우주 선에 넷플릭스가 있다고 해도요.

아뇨, 전 과학이 단번의 해결책을 주기를 기다리겠어요. 비주류 물리학까지 찾 아봐야 한대도요. 그리고 이것 좀 보세요, 여기 해답이 있어요. 제 몸을 냉동시 켜서 언젠가 의학적으로 잡다한 일들이 처리된 후에 다시 부활할 수 있게 하겠 어요. 간단하죠!

'만일 인체 냉동 보존술이 정답이라면, 질문하는 사람을 믿지 마세요.'

알겠어요, 알겠어. 설득력이 좀 더 필요하다는 거죠? 저도 그래요. 이에 대한 찬반양론들이 몇 가지 있어요.

☑️ 여러분에겐 아무런 문제가 없을 거예요. 다들 잘 아시다시피, 월트 디즈니 도 냉동 보존되었죠. 비록 미래의 지구가 황량하고 종말 뒤 황무지가 되더라 도,[H1] 소생 캡슐에서 재미있는 이야기를 해줄 수 있는 사람이 있을 거예요.

☒ 안타깝게도, 그건 사실이 아니에요. : '디즈니가 냉동되었다.'라는 것은 허구일 뿐이죠. 냉동 보존된 가장 유명한 사람은 2002년의 야구의 레전드인 테드 윌리엄스일 거예요. 가장 최초의 사람은 1967년의 심리학 교수인 제임

[H1] 이건 기이하게도 훌륭한 건강 관리 시설이 있는 종말 후의 황무지가 되겠네요.

스 베드퍼드이고요. 그다음에 따라한 사람들 중 어떤 이들은 다른 이들보다 더 나은 상황에 있었을 겁니다. 초창기의 저장 시설에 있던 진공 펌프가 고장 나는 바람에 몇 명은 해동되었거든요. 이 정도면 겨울왕국을 다시 못 보게 하기에 충분할 거예요.[H1]

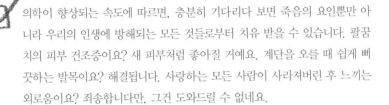

의학이 향상되는 속도에 따르면, 충분히 기다리다 보면 죽음의 요인뿐만 아니라 우리의 인생에 방해되는 모든 것들로부터 치유 받을 수 있습니다. 팔꿈치의 피부 건조증이요? 새 피부처럼 좋아질 거예요. 계단을 오를 때 쉽게 삐끗하는 발목이요? 해결됩니다. 사랑하는 모든 사람이 사라져버린 후 느끼는 외로움이요? 죄송합니다만, 그건 도와드릴 수 없네요.

법률상, 냉동 보존이 가능하게 하려면 사망 선고를 받아야 합니다. 그렇게 되면 최선의 경우 여러분의 상속세 청구서가 엉망이 될 것이고, 최악의 경우에는 여러분의 증증증증증증증손자에게까지 빚을 지울 수도 있지요. 명백하게도, 사망했다는 것은 부활의 절차를 아주 조금 더 어렵게 만들겠지요.

냉동 보존에 맡기는 것이 마음 편하다고 느낄 수 있어요. 여러분에게 딱히 세계관 같은 게 없다면, 미래에서의 부활의 희망은 지금 상태에서 계속 견딜 수 있는 원동력이 될지도 모르죠. 적어도 그건 여러분의 다음 결혼기념일 선물로 좋은 생각일 거예요. 냉동 보존 2인용 티켓보다 더 로맨틱한 게 뭐가 있겠어요?[H2]

제대로 되지 않을 수 있어요. 챕터 5의 냉동 딸기를 기억하나요? 과일 세포들이 녹았을 때, 모든 DNA는 파인애플 주스와 알코올을 섞으니 떨어져 나가버렸죠. 과일 마가리타로써는 좋지만, 회백질을 보존하는 데는 그렇지 않아요. 그래서 죽을 뻔한 경험이나 위험한 상태를 겪기 전에 피를 부동액으로 바꾸는 겁니다. 팽창하는 얼음 결정으로부터 세포가 손상되는 것을 제한하기 위해서요.

부동액

[H1] 제 딸보다 나이가 위인 딸들이 있는 친구들과 말해보니, 이건 불가능하다는 걸 알게 됐어요. 앞으로 십 년 동안은 겨울왕국을 하루에 최소 한 번은 보게 될 거예요. 이 정도면 오히려 평화롭고 조용한 사람 크기의 액체질소 보온병 안에 들어가기를 원하기에 충분할 거예요.
[H2] '그 외에 다른 모든 것들이 있지'라고 제 남편이 말했습니다. 크리스마스 선물로 스스로 할 수 있는 화장(火葬) 키트나 사줘야겠어요.

빨대를 주세요,
그 마가리타 지금 마실게요.
인생은 짧으니,
할 수 있을 때 즐겨야 해요.

충분히 낮은 온도가 되면 모든 것들은 고체로 변하는데, 미래를 위해 온전한 상태로 보존될 수 있게 하지요. 이는 유리화라고 하는 절차입니다. 캐나다의 우드 프로그(송장개구리과의 일종)에는 적용될 수도 있어요. 그들은 몸에 자연 부동액이 있어서 겨울에 얼음 조각처럼 7개월을 살아갈 수 있거든요. 하지만 사람에게도 적용 가능하다는 증거는 없어요.

 하지만 가능할 수도 있어요! 만일 그렇다면 냉동 보존 혁명의 선두주자가 될 수 있습니다! 냉동된 난자와 정자로도 진짜 사람이 태어날 수 있다는 것은 오늘날 우리에게 널리 알려졌지만, 생식세포와 배아를 다 큰 어른과 비교하기는 어렵지요.

이식을 위해 인체 장기를 보존하는 선진적인 냉각 기술에 대한 연구는 매우 잘 진행되고 있으며 인간의 심장 조직의 작은 부분에 대해서도 실험실에서는 긍정적인 결과를 도출해내었습니다. 그리고 하루에 몇 파운드가 당신에게는 어떤 의미인가요? 모닝커피와 이별하고 보험 증권을 사서 사망 후에 몸을 냉동하는 것을 실현할 수 있도록 하세요. 행운에는 용기가 필요하며, 결국에는 미래의 인간들이 냉동되었다가 소생되면, 필멸자들 사이에서 신격화될 것입니다. 마지막으로, 이 아주 작은 희박한 가능성에 희망을 건다면 성공하지 못한다 해도 절대 알지 못할 거란 사실을 잊지 마세요.

 요약하자면, 여전히 가능하지 않을 것입니다. 그리고 만일 실행 가능하다고 해도, 여러분이 보유하던 지식, 기억, 또는 성격이 온전히 남아있을 것이라는 보장이 없습니다. 경제적인 요소는 말할 것도 없지요. 전체의 몸을 냉동 보존하려면 22,000파운드(약 3,300만원)가 들며, 또한 장기투자나 신탁을 들어 의학적 치료와 냉동 보존 후의 미래 생활 방식을 위한 자금을 준비해놓아야 할 겁니다. 냉동에 대한 꿈을 꾸는 사람들이 많아질수록, 그렇게 되기 어렵겠지요. 세계 절반의 인구와 대부분의 현금이 액화 질소 탱크를 영하 196℃로 유지하는데 묶여있다고 상상해보세요... 뭔가 조치를 취해야겠죠? 그렇죠?

제기ㄹ*, 우리 미래는 꼼짝없이 어둡네요.

런던 과학박물관의 Making the Modern World 갤러리를 걷다 보면, 인간이 이루어 낸 진전에 대해서 볼 수 있는데, 한 가지 기술의 업적이 다음으로 이어지면서 증기기관이 슈퍼컴퓨터로 변화해가는 것을 볼 수 있습니다. 갤러리에 누락된 것은 그 업적을 만들어내는 과정 중에 발생한 모든 짜증나는 것들이지요. 꽤 맞는 일이라고 생각할 수 있어요. 진전은 좋지 않은 아이디어들을 제거해내고 그것들은 역사 속에서 사라져버리죠. 현실로 이루어지지 않은 아이디어들을 군이 왜 보여줘야 하죠? 단지 언제나 그렇게 기록되는 것은 아니에요. 때때로 우리는 그런 아이디어가 별로라는 사실을 뒤늦게 알아차리게 되는데 그건 이미 우리가 거기에 푹 빠져버린 이후죠.

전기는 반대로 흐릅니다.

예를 들어, 전기의 흐름에 대해 말해볼까요? 여러분은 전류가 전자[S1]라 불리는 자그마한 입자의 흐름이라는 것을 알고 있어서, 손전등을 밝히면 전자가 배터리에서부터 흘러 전선을 지나고 전구를 지나고 또 더 많은 전선을 지나 배터리의 다른 쪽 끝으로 들어간다는 것을 알지요. 아래 그림처럼요.

[S1] 엄밀히 말하면, 전류는 전하의 흐름이고, 전하는 입자들에 의해 옮겨지지요. 수많은 경우에 문제의 입자들은 전자들이지만, 언제나 그런 것은 아닙니다. 예를 들자면 그건 전해질 용액 안에 있는 이온의 흐름이거나 반도체 내부의 '구멍'의 흐름일 수도 있습니다.

그 전자들이 움직이는 것 좀 보세요! 어떤 방향으로 전류가 흐르는 걸까요? 확실하게 알 수 있지요. 전자들이 흐르는 방향과 동일한 방향으로 흘러야겠지요. 그런데 그렇지가 않아요. 전류는 전자들이 흐르는 방향과 반대 방향으로 흐릅니다.

그건 또 누구의 멍청한 아이디어냐고 물으실 수 있겠지요? 바로 벤자민 프랭클린의 생각이었는데, 그 당시에는 그게 멍청한 생각이 아니라 그저 운이 나빴던 것뿐이었습니다.

프랭클린보다 이전에, 찰스 프랑코아 드 씨스터르네 두 패이는 유리를 실크에 문지르면 한 가지 타입의 전하를 만들어내고 호박 광물을 모피에 문지르면 다른 타입의 전하를 만들어낸다는 것을 발견하였습니다.[H1] 그는 그 두 가지 타입을 각각 양전기와 음전기라고 불렀습니다. 그리고 결정적으로 그는 호박과 유리를 같은 곳에 두면 그 전하들이 상쇄된다는 것을 알아냈습니다.

프랭클린은 '하나의 유체' 이론을 제안하였는데, 한 타입의 전하는 과도한 양의 유체로부터 만들어진 것이고 다른 타입의 전하는 부족한 양의 유체로부터 만들어진 것이므로 두 가지가 만나면 과도한 양의 전하가 있는 곳에서부터 부족한 양의 전하가 있는 곳으로 유체가 흐를 것이라고 주장하였습니다. 이렇게 상쇄에 대해 설명을 할 수 있었죠. 프랭클린은 과도한 양의 유체를 양전하라고 불렀고 부족한 양의 유체를 음전하라고 불러야 한다고 제안하였습니다. 이렇게 하면 양전기 전하의 흐름, 즉 전류는 유체의 흐름과 동일한 방향이 되지요. 우리는 이 '유체'가 전하를 보유하고 있는 입자라는 것을 압니다. 그리고 문질러진 유리와 호박의 경우, 문제의 입자는 전자이며 전기 회로를 따라 흐르고 있는 것을 가리킵니다.

그 당시에는 그 유체가 무엇이며 어느 방향으로 흐르는지를 결정하는 실험이 고안되지 않았습니다. 유리에 과도한 유체가 있었던 걸까요 아니면 호박이었을까요? 우리는 왜 프랭클린이 그런 선택을 했는지 모르지만, 그는 양전하가 양의 성격을 갖고 있다고 결정하였고 음전하는 음의 성격을 갖고 있다고 주장했습니다. 그래서 유리가 과도한 유체로 이루어져 있고 호박은 그 반대라고 제안하였죠. 이제 우리는 그게 사실 반대라는 걸 알고 있어요. 전자의 '유체'가 있

는 곳은 호박입니다. 그리고 바로 그것이 전자가 음의 전하를 갖고 있는 이유이지요.

왼쪽으로 흐르는 음전하는 오른쪽으로 흐르는 양전하와 동일하기 때문에, 전류의 흐름과 전자의 흐름이 반대 방향이라는 헷갈리는 상황에 이른 거죠!

파이 안많은 π(파이)가 있어요.

우리가 푹 빠져버린 불행한 아이디어는 또 있어요. 여기 수학 세계에서의 사례가 있어요, 바로 π(파이) 말이에요! 그래요, 수학자들이 사랑해 머지않는 수학 상수인 π(pi, 파이)는 실제로 매우 작아요.

'잠시만요... 뭐라고요? π는 원의 둘레와 그 지름 간의 비율을 뜻하는 거잖아요. 지금 그게 3.14159...가 아니라는 건가요?'

진정하세요, 화내지 마시고요. 제 말은, π는 원주율이라는 겁니다. 그건 원의 근본적인 속성을 나타내기 위해 우리가 선택한 숫자이지요. 그런데 우린 잘못된 숫자를 선택했어요!

수학에서, 우리가 원에 대해 말할 때(그 말은, 수식을 작성할 때), 우리는 주로 지름 대신에 오로지 반지름에 대해 얘기합니다. 이건 부분적으로는 관습에 따른 것이지만, 또 우리가 원을 정의하는 방법 때문인데, 종이 위에 점을 찍고 예를 들어 7cm라는 거리를 결정한 후, 방금 찍은 점에서부터 7cm 떨어진 부분에 모든 점을 그려내기 때문이지요.

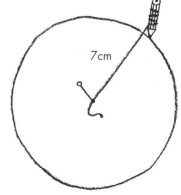

축하해요! 원을 그리셨네요! 사실, 방금 여러분은 원의 정의를 그려낸 겁니다. 원은 중심점에서부터 어떤 정해진 거리만큼 떨어진 모든 점을 가리키는 겁니다.

그리고 그 거리는 반지름이지 지름이 아닙니다. 그러니, 원의 상수는 원주와 지름 간의 비율이 아니라 원주와 반지름 간

7cm

의 비율이 되어야 하는 거지요.

알아차렸겠지만 그건 현재 π 값의 두 배가 됩니다. 제가 하고자 하는 말은, 원주율은 사실 6.283...이 되어야 한다는 거예요.

여러분 생각에 그게 무슨 대수라고 생각할지 모르겠지만 그렇지가 않아요.

π를 3.14159...로 지정한다면 수학은 하기 더 어려워집니다. 각도를 측정할 때, 도(angles) 대신에 라디안(radians)으로 측정한다면(사실 그렇게 해야 해요, 그래야 더 재미있고 그게 제대로 된 수학자들이 하는 거니까요) 원 한 바퀴는 2π라디안의 각도가 됩니다. 반 바퀴를 돌리면 π라디안이 되겠지요. 원의 4분의 1은 π/2(또는 π의 반)라디안이고 뭐 그렇게 되겠지요.

이 각은 2π다. 이 각은 π다. 이 각은 π/2다.

원　　　　　　반원　　　　　　사분원

각도는 언제나 π 곱하기 원의 숫자 *곱하기 2*가 됩니다! 이 곱하기 2라는 게 매우 헷갈리죠. 노련한 수학자들은 이 불편함을 다루는데 꽤 능숙하지만, 처음으로 수학을 탐험하는 사람들에게는 이해하기 어렵습니다. 그냥 전체 원 하나가 π라디안이라면 더 낫지 않았을까요? 그럼 원의 반은 π/2라디안이 될 거고, 원의 4분의 1은 π/4라디안이 될 텐데요. 얼마나 깔끔한가요! 얼마나 간단한지. 만일 π가 6.283...이면 그렇게 되겠지요.

게다가 2π가 언제나 수식에 나타난다는 것을 알아차리게 될 겁니다.

예를 들면, 원주의 수식은 다음과 같이 정의하게 됩니다. :

$$C = 2\pi r$$

아니면 허수인 I의 n 제곱근은 어때요?

$$z = e^{2\pi i/n}$$

이건 푸리에 변환과 모든 극좌표상의 적분뿐만 아니라, 기타 등등 여러 곳에서 찾을 수 있습니다. 이 모든 수식에 2π 대신에 π만 있다면 얼마나 좋았을까요!

원의 넓이를 구하는 공식은 어떻게 되죠?
넓이 = πr^2

π를 두 배의 값으로 정했다면, 공식은 아래와 같이 되겠죠. :
넓이 = $\frac{1}{2}\pi r^2$

½가 있어서 그렇게 깔끔한 공식이 아니라고 말할 수 있어요. 하지만 사실 인수 ½는 원의 넓이에 대해 알려주는 바가 있어서 중요합니다. 아래의 다른 공식들을 살펴봅시다. :
운동 에너지 : $\frac{1}{2}mv^2$

중력의 영향을 받는 상태에서 물체가 떨어지는 거리 : $\frac{1}{2}gt^2$

이게 원의 넓이와 무슨 관계가 있지요? 이 모든 공식에는 제곱의 항(r^2, v^2, t^2)과 ½이라는 상수가 있어요.

이건 우연이 아닙니다. 이 공식들은 적분이라는 과정으로 계산할 수 있어요. 예를 들어 x를 적분하면, $\frac{1}{2}x^2$의 값을 얻게 됩니다. 이 ½은 우리에게 원의 넓이가 적분의 결과라는 걸 알려주죠. π의 일반적인 정의만으로 보면 이 사실은 이해하기 어려워요.

이게 바로 우리가 막힌 상황에 대한 좋은 예입니다. π의 값을 바꾸려 모든 사람의 동의를 구할 방법은 없어요. 옛날 교과서들을 다 불태워버려야 할 거예요!

이 엉망진창인 상황을 해결할 방법은 있습니다. 우리가 할 일은 새로운 상수를 만들어내는 겁니다. 이걸 타우(τ)라고 부르며, 이는 원주와 그 반지름 간의 비율, 혹은 2π를 나타내는 상수로 모든 수식들을 멋지게 만들어주는 동시에 우리의 원에 대한 수학을 이해하기 쉽게 도와줍니다.

이러면 옛날 책들을 교체할 필요가 없으며, 단지 이 우수한 상수를 천천히 알리는 일만 하면 됩니다. 이건 제 아이디어가 아니에요. 아직도 확신이 없다면 밥 팔레스와 마이클 하트가 이에 대해 설명한 글을 찾아보세요.

레트로한 환상적인 미래!

제가 십 대 시절에 생각한 미래에 일어날 것이라고 여겨진 과학적인 일들이 많이 있었어요. 실망스럽게도, 대부분은 아직 일어나지 않았어요... 아닌가?

1993년 영화 쥬라기 공원을 보면, 자연을 사랑하는 과학자들이 멸종된 공룡들을 살려내어 귀여운 아기 벨로시랩터와 고기에 굶주린 티라노사우루스 렉스로 가득 찬 푸르른 언덕의 판타지 랜드를 만들어내었지요. 만일 하버드대학의 과학자팀이었다면, 가장 최신의 유전자 조작 기술인 CRISPR를 사용해서 코끼리 DNA를 변경하여 매머드들을 잔뜩 만들어내어 시베리아의 야생 생물 보호 구역인 플라이스토세 공원을 활성화시켜 네발 달린 커다란 살아있는 역사의 덩어리들이 자유롭게 돌아다닐 수 있게 했을 겁니다.

아마도 저와 같다면, 여러분은 아직도 달에서 휴가를 보내는 어릴 적의 야망이 있겠지요. 달 만요? 에이. 화성 이주 프로젝트를 주도하는 기관인 Mars One에 줄 서보세요. 붉은 행성으로 가는 편도 '티켓' 신청은 현재 마감되었지만, 다른 야심 찬 상업 우주 비행 프로그램인 SpaceX는 2018년에 첫 여행자들을 달에 보내는 것을 계획하고 있어요. 계획대로 된다면 1972년의 마지막 아폴로 미션 이후 저 지구 궤도 너머로 사람들이 여행할 수 있게 되겠네요.

그 누가 영국 크로이던(Croydon)의 Atmospheric Railway를 잊을 수가 있을까요! 진공 터널에서 작동하는 기차인데 원래대로라면 우리집 구역인 런던의 남동쪽을 가로지르는 대중교통 시스템이죠. 1840년대에 50만 파운드를 들여 계획하고 테스트를 했지만 실제로 일반인에게 전혀 개방되지 않았는데, 그건 당시의 기술이 가죽 플랩과 스팀 엔진으로 이루어졌기 때문이었죠. 대신 하이퍼루프(전기자동차 제조업체인 테슬라 모터스와 민간 우주 업체 스페이스X의 CEO인 엘론 머스크가 제안한 신개념 고속 철도)를 보세요! 증기 동력 대신 초전도체를 공중에 띄워 캘리포니아의 크로이던을 만들어냈는데, 기본적으로 런던의 것과 같은 개념입니다. 다만, 이 새로운 운송 수단이 잘 실행될 것이라는 보장이 없는데다가, 가격은 이미 엄청나게 높습니다.

저에겐 아직도 마음에 담아두고 있는 허구의 기술 한 가지가 있습니다. 그건 거실에 있던 우리 가족의 유일한 가정용 스크린인 브라운관 텔레비전에서 봤던 것이에요. 어린 저에게 불가능하게 초현대적으로 보였던 장치인 스타트렉 통신기였지요.

공허한 공간을 가로질러 누군가에게, 혹은 최소한 10마일 떨어진 집에 있는 친구에게 즉시 말할 수 있는 능력은 저의 10대 때 상위 위시리스트에 있었습니다. 네, 그건 엄밀히 따지면 1990년대에 이미 가능했던 일이었지만, 그렇게 하려면 둘 다 집 벽돌만 한 사이즈의 핸드폰이 있었어야 했고 게다가 그 기계는 거의 벽돌집 한 채와 맞먹는 가격이었지요. 그리고 그 SF 시리즈의 연락통은 그저 수다를 떨 수 있는 장비일 뿐만 아니라 걸어 다니는 지식통이자 지리적인 위치 탐지기여서 목소리만으로 우주선의 컴퓨터에 질문할 수 있는 능력까지 보유하고 있었지요. 전송해줘(Beam me up! 스타트렉의 주인공이 우주선으로 전송 귀환할 때 사용했던 말)!

그런데 이게 현실화하기까지 우리는 얼마나 가까이에 있을까요?

사실, 매우 근접했어요.

스마트폰을 사용하면 인터넷 접속, GPS 기술과 음성 조종을 결합해서 이 대부분의 일을 해낼 수가 있어요. 아, 맞다. 게다가 전화도 걸 수가 있지요.

하지만 공허한 우주를 가로질러 즉시 연락이 가능한 문제를 해결하기 위한 간단한 물리학은 없습니다. 빛의 속도와 같은 연락은 쉽지만, 내재된 한계가 있지요. '가만히 있음'부터 '무한의 속도'의 척도에서, 가시광선을 이루는 전자기 방사선은 영웅이 아닌 영(0)에 훨씬 더 가깝지요.

빛의 속도인 메시지를 1광년 떨어진 엔터프라이즈 우주선에 보내면 회신을 받기 위해 2년을 기다려야 합니다. 두 번째로 가까운 별[H1]인 프록시마 센타우리(켄타우루스자리의 프록시마성)의 궤도에 있는 자매 우주선과 연락을 하려면 편도 4년이 넘게 걸립니다. 달로 신호를 보내면 왕복 2.5초밖에 걸리지 않아서, 대화 자체가 이상하게 진행될 거예요. 달에 지금 당장 대화할 수 있는 누군가를 발견하게 된다면 더 이상하겠지요...

[H1] 물론 가장 가까이 있는 건 태양이겠죠. 챕터 6에 나왔던 손님이 아무 말도 안 해줬나요?!?

어떤 이론 물리학자는 여러분에게 양자 얽힘 이론이 우리의 모든 문제에 대한 해답이라고 말하겠지만, 입자들이 어떤 방식으로 거리에 상응하여 행동하는지에 대한 근본적인 기이함을 그들이 활용할 수 있기 전까지 이 아이디어는 그저 이론적인 그림의 떡일 뿐입니다.

스타트렉이 1966년에 처음으로 방영된 이래, 우리는 컴퓨터 장치의 크기를 줄이는 동시에 처리 능력을 높이는 것을 성공해왔습니다. 세계 최초의 휴대용 컴퓨터인 고리들로 이루어진 작디작은 크기의 주판은 이미 300년 전 중국에서 만들어짐으로써 웨어러블 기술이 가능하다는 것을 알려주었습니다. 현대의 휴대폰은 그저 잘 만들어진 그래프 커브에 또 다른 데이터 포인트가 된 셈이고, 기술이 언제나 점점 작아지고 빨라진다는 것을 알려주지요. 바로 무어의 법칙입니다.

사실 법칙이라고 하기보다는 관찰에서 나온 예측인데, 시간이 지날수록 그 예측이 맞다는 것을 증명해주고 있지요. 인텔의 공동 창립자인 고든 무어는 1965년에 컴퓨터 하드웨어 산업을 둘러보고는 각 전기 회로판에 들어가는 트랜지스터의 수가 매년 두 배씩 늘어난다는 것을 알아차렸습니다.[H1] 그때부터 지금까지, 그의 가설을 뒷받침하는 증거들이 다소 있었는데[H2] 컴퓨터 칩의 성능이 정말로 18개월 주기로 두 배씩 늘어났지요.[H3]

[H1] 그는 1975년에 2년 주기로 두 배로 늘어난다고 수정하였지만, 기본적인 아이디어는 여전히 사실입니다.

[H2] 이걸 'moore or less(원래는 'more or less(다소라는 뜻)'이지만, 말장난으로 이렇게 쓰임)'라고 쓰고 싶었지만, 스티브가 못하게 했어요.

[H3] 비록 평행 논리일지 몰라도, 워스의 법칙에서는 컴퓨터 파워가 높아질수록 소프트웨어는 기하급수적으로 느려진다고 합니다. 그러니 하드웨어를 업그레이드함으로써 얻는 건 예상했던 것보다 덜 하겠네요.

컴퓨터 파워의 이 기하급수적인 성장은 공상과학 연락통과 매우 비슷한 것이 현재 여러분의 손안에 있다는 이유와 일맥상통합니다. 그런데 다음은요? 작아지고, 빨라지며 더 파워풀한 도구가 나타난다는 트렌드가 영원히 이어질까요?

무어의 법칙이 효력을 잃어가고 있다는 조짐이 보이기 시작하는데, 생각해보면 그 종점은 명백하게 보입니다. 매 제곱인치의 전기 회로판에 쑤셔 넣는 트랜지스터의 양이 많아진다는 것은 각 트랜지스터가 원자 크기만 해진다는 것을 의미합니다. 약 5nm(그건 50억 분의 1m의 크기이지요) 크기의 전자가 미니어처 회로에서 떠돌다가 엉뚱한 곳을 헤매다 대혼란을 일으킬 수 있습니다. 인텔조차도 우리가 의존하는 실리콘 칩이 2020년이 되면 한계에 이를 것이라고 예상했습니다.

그 시점에서 우리는 현재의 속도를 맞추기 위해 완전히 새로운 타입의 전기 회로가 필요할 것입니다. 아니면 인공지능이 인간보다 더 나은 프로그래밍 기술을 발전시켜 컴퓨터 스스로 일을 처리할 수 있기만을 바라던지요.

어쩌면 그 이론 물리학자들과 그들의 얽힌 입자들이 모든 현실적인 문제들을 그때쯤이면 다 해결하고 양자 터널링 기술을 시작할 지도요? 행운을 빕니다. 그리고 안 빌고요. 동시에요.

그렇게 많이 기다릴 수 없다면, 여러분만의 진짜 공상 과학 연락통을 얻을 수 있는 가까운 미래의 두 번째 해결책이 있어요. 여러분은 이제 스타트렉 소품을 정확히 복제한 수신기를 구매해서 블루투스를 이용해 핸드폰에 연결할 수 있습니다.

무어는 아마 그 방법은 알지 못했을 거예요.

210

자신의 엔딩을 선택하세요.
(알려진 우주 에디션)

당신은 우주입니다.

당신은 무한의 어둠 속에서 점점 팽창하고 있습니다.

당신은 1억 년 정도 차이가 날지 모르겠지만 138억 년 동안 살았습니다.[H1]

당신은 지루합니다.

이 모든 거듭되는 팽창은 당신을 지치게 합니다.

'언제쯤 끝나지?' 당신은 궁금해하며 한숨을 내쉬는데, 그 한숨으로 인해 커다란 쌍성계가 폭발합니다. 두 배의 초신성이 중력파를 내보내며 당신의 표면에 잔물결을 남깁니다.

'이런!' 당신은 말합니다.

그리고 재미있으니 한 번 더 합니다.

어쨌든 아름답네요. 그리고 시간은 흘러갑니다.

다음 페이지로 가세요.

[H1] 130억 이후로는 날짜를 세지 않아요. 정말로.

211

당신은 이제 210억 년을 살았습니다.

당신은 아직도 무한의 어둠 속에서 팽창합니다.

인간들은 조용해졌습니다. 사실 그들은 한참 전부터 조용했는데 당신은 그 당시에 딱히 알아차리지 못했죠. 수천 년 동안 당신은 그들이 어떤 돌덩이가 누구의 것인지, 왜 냉동된 하얀 것들이 원래보다 더 빠르게 액체로 변하는지, 그 모든 빛이 다 어디로 갔는지, 왜 더는 음식이 없는지, 누구를 먼저 먹어 치울 것인지, 왜 태양이 점점 커지고 붉어지는지...와 같은 것에 대해 의미 없는 수다를 떠는 것을 멍하니 지켜보았지요.

당신은 그들이 아직 있을 때 전혀 신경 쓰지 않았어요.

이제, 갑자기, 자신의 어마어마한 공간에서, 그들이 그리워졌지요.

당신은 인간들이 당신의 측정할 수 없는 부피 안 어디에선가 다시 시작하기만을 기다립니다.

…

…

…

그들은 그러지 않아요.

당신은 정말, 정말로 지루합니다.

다음 페이지로 가세요.

212

당신은 '방구석 과학쇼'라는 책 한 권을 찾아냅니다. 이건 한때 은하수라고 불렸었던 나선팔 외곽 근처에 둥둥 떠다니고 있었지요.

이건 당신의 호기심을 자극했어요.

당신은 홈메이드 리트머스 국수에 대한 헬렌의 실험 부분을 읽어요.

수백만 년 만에 처음으로 당신의 눈이 흥분감으로 번뜩여요.

당신은 부엌 찬장을 확인합니다.

달걀 국수 한 봉지가 있네요.

'아주 잘 될 거야.' 당신은 생각합니다. '울금만 조금 있으면 실험을 할 수 있게 된다고!'

당신은 찬장을 더 살펴봅니다.

울금이 없네요. 과학 실험을 더는 진행할 수가 없어요. 최소한 이 영겁의 시간 에는요.

당신은 정말로 슬퍼집니다. 12개의 행성은 그들의 궤도에서 굴러떨어지며, 그들의 태양과 부딪혀 불타오르는 장관을 이루게 합니다.

챕터 6에서 스티브의 엔트로피에 대한 부분을 읽습니다.

당신은 생전 처음으로 당신의 필연적인 운명이 열역학적인 죽음으로 행하는 느리고 지루한 행진이라는 것을 알게 됩니다.

당신은 정말, 정말로 슬퍼집니다. 궁극적인 죽음에 대해 생각하는 동안 별들의 무리들은 함께 붕괴하여 하나의 초질량의 블랙홀이 되어버립니다.

당신은 자신의 운명을 바꾸기 위해 할 수 있는 것이 있는지 궁금합니다…

다음 페이지로 가세요.

213

'다 필요 없어.' 당신은 생각합니다. '나는 우주라고! 내가 하고 싶은 건 다 할 수 있어.'

당신은 :

당신의 모든 암흑 에너지를 암흑 물질로 바꿀 건가요? *213½페이지로 가세요.*
당신의 빛의 속도를 반으로 줄일 건가요? *214페이지로 가세요.*
당신의 힉스 입자의 무게를 늘릴 건가요? *215페이지로 가세요.*
당신의 암흑 에너지를 강화시킬 건가요? *216페이지로 가세요.*
아무것도 안 할 건가요? *216½페이지로 가세요.*

213½

당신은 이제껏 몸안에 보유하고 있던 암흑 에너지에 대해 언제나 의혹을 품고 있었죠.

아마도 그것 때문에 지금처럼 팽창하고 있는지도 몰라요. 이 열역학적 죽음으로 행하는 거침없는 여정에서요.

'이걸 암흑 물질로 바꿔버리면 속도를 늦출 수 있지 않을까?'라고 생각합니다. '이 지루한 팽창을 반대로 돌릴 수 있을지도 몰라. 이것보단 뭐든 낫겠지!'

당신은 68%의 암흑 에너지와 27%의 암흑 물질과 5%의 가시적 물질 대신에 95%의 암흑 물질로 변해버립니다.

잠시 동안, 당신의 맥박과 펄서(눈에 보이지는 않지만, 주기적으로 빠른 전파나 방사선을 방출하는 천체)는 예상보다 더 빠르게 뜁니다.

당신은 여전히 팽창하고 있습니다. 그러나 전보다는 조금 더 천천히 팽창합니다.

'오! 이런', 당신은 말합니다. '아직도 이 멍청한 열역학적 죽음의 엔딩으로 향하고 있잖아. 그리고 이제 더 오래 걸린다고?'

당신은 :

여분의 암흑 물질을 다시 암흑 에너지로 돌릴 건가요? *213페이지로 가세요.*
더 많은 암흑 물질을 어디에선가 가져올 건가요? *217페이지로 가세요.*
포기하고 그 장기적이고 지루한 일에 적응할 건가요? *216½페이지로 가세요.*

214

아무것도 변하지 않습니다.

모든 것들은 이제 당신의 기준틀에 따라 원래보다 반의 속도로 움직이거나 그렇지 않거나 할 겁니다. 당신의 물리의 법칙과 측정값은 이 변화에 수용하기 위해 조정됩니다. 간단히 말해서, 문제는 그대로지만 해결된 것처럼 보이는 것뿐이지요.

당신은 아인슈타인이란 친구가 아직 살아있을 때 그의 말을 잘 들었어야 했다고 깨닫습니다. 그는 몇 가지 질문을 하려고 시도했었지요. 당신은 그의 전화에 전혀 답신하지 않았습니다.

당신은 여전히 열역학적 죽음으로 향하는 길목에 있지만, 이제는 더 오래 걸릴 것입니다.

'멋지네.' 당신은 생각합니다. '정말이지 날 즐겁게 하는군.'

어쩌면 당신에게 필요한 것은 더 드라마틱한 결과일지도 모른다고 생각합니다. 그러려면 더 중요하고, 더 기본적인 무언가를 조정해야만 합니다. 측정 단위로 정의할 수 없는 어떤 것이요.

미세 구조 상수 같은 것 말이에요. 그리고 보니 당신 안에 전자기력의 힘이 있네요. 무차원의 상수요! 그걸로 될 거예요.

이 전자기력은 당신의 원자와 분자를 서로 잡아주는 역할을 합니다. 그걸 바꾸면 뭔가가 일어나지 않겠어요?

하지만 당신은 그것이 무엇일지 짐작도 못 합니다.

위험한 일처럼 들리네요.

당신은 :

당신의 미세 구조 상수를 반으로 자를 건가요? *217½ 페이지로 가세요.*

당신의 경험 부족으로 빛의 속도에 대한 실수를 한 것에 자책할 건가요? *213페이지로 가세요.*

215

당신은 자신이 준안정 상태로 존재한다는 사실을 너무 늦게 알아차립니다.

힉스 입자의 무게는 현재의 상태로 유지할 수 있도록 정밀하게 조정되어 있습니다.

사실 매우 정밀히 조정되어 있어서, 그 에너지의 작은 변화에도 당신을 망가뜨릴 수 있는 대재앙을 일으킬 수가 있습니다.

힉스 필드가 무너짐에 따라, 새로운 진공 상태가 있는 버블이 만들어집니다.

이는 빛의 속도로 팽창하며, 자신 앞의 모든 것들을 흔적도 없이 없애버립니다.

버블이 당신을 통째로 삼켜버릴 때, 당신의 우주적 눈썹 하나가 살짝 올라가며 당신은 말합니다. '글쎄, 이건 예상하지...'

당신은 문장을 끝맺지 못합니다.

당신은 빅 슬로프에 굴복하고 맙니다.

평행 우주에서, 당신은 210페이지로 되돌아갑니다.

끝.

216

당신은 여태껏 보지 못한 엄청난 속도로 팽창하기 시작합니다.

중심에서부터 모서리까지 당신의 모든 물질은 전보다 더 멀리 그리고 더 빨리 바깥쪽으로 내팽개쳐집니다.

당신은 조절할 수 없습니다. 마치 거대한 팝콘 조각처럼 부풀어 오릅니다.

은하계는 파괴되었습니다. 별들은 조각조각 부서집니다.

행성들은 폭발합니다.

무언가가 분명히 일어나고 있습니다.

당신은 360억 년을 살았습니다.

당신은 빅 립에 굴복했습니다.

217½페이지로 가세요.

216½

당신은 계속해서 끊임없이 팽창합니다.

은하계는 끝없는 밤사이로 멀어져 갑니다. 당신의 별들은 반짝반짝 빛나다가 꺼져갑니다.

당신이 가진 모든 물질은 특유의 방법으로 뭉쳐져서 태양이 되고, 행성이 되고, 블랙홀이 되고, 우주 먼지가 되어 당신의 공허한 부분을 완벽하고 동등하게 채워나갑니다.

열역학적 평행 상태에 다다릅니다.

엔트로피는 극대화됩니다.

당신은 필연적이고 따분한 열역학적 죽음에 굴복합니다.

당신은 100000000000000000000000000000000000000000년을 살았습니다. 대략이요.

'와!' 당신은 마지막 남은 에너지를 끌어모아 생각합니다. '엄청나게 지루했어.'

끝.

217

당신의 팽창은 느려집니다.

'이제야 뭔가 벌어지는군.' 당신은 생각합니다.

그저 느려지는 것뿐만 아니라 당신의 팽창이 멈추면서 외곽 부분이 줄어들며 안쪽으로 파고들기 시작합니다.

당신이 스스로 쓰러지는 동시에, 은하계는 서로를 짓누르고 별들은 뭉개지며, 당신의 물질이 초농도의 상태가 되어가면서 행성들은 틱택처럼 완전히 으스러집니다.

중력이 당신을 무한한 밀도의 블랙홀 특이성으로 전보다 훨씬 더 꽉 잡아당깁니다.

당신은 빅 크런치에 굴복합니다.

잠시 후, 당신은 새로운 빅뱅으로 폭발합니다.

당신은 138억 년±1억 년 정도 기다립니다.

갑자기 당신은 스스로를 자각하기 시작합니다.

210페이지로 가세요.

217½

물리적인 힘으로는 당신의 물질을 억누를 수 없습니다.

당신은 당신의 전부로부터 밀려나 산산조각이 되어버립니다.

개별 원자들은 조각조각 찢어집니다. 모든 형태의 물질은 무너져 내립니다.

당신은 균일한 원자 구성 입자와 무의 용액으로 변형됩니다.

당신은 말합니다. '이제야 끝났네.'

끝.

감사의 말

책을 집필하는 것은 어렵습니다. 하지만 많은 분께서 훨씬, 휘얼씬 쉽게 만들어주셨어요. 로밀리 '두 파인트의 와인' 모간이 이끄는 옥토퍼스 팀에게 감사합니다. 당신이 없었다면 이 책이 나오지 못했을 거예요. 그녀의 끝없는 열정, 격려, 그리고 노고가 모든 일을 가능하게 했어요. 줄리에트 노스위시에게도 창의적인 디자인과 치밀명인 페이지 논쟁 기술에 대해 감사하고 싶네요. 우리의 편집장 폴린 바쉬와 교열 담당자인 샬럿 콜에게도 우리의 난장판을 정리해서 진짜 책으로 만들어 준 것에 대해 감사합니다. 아름답고 재미있는 삽화를 그려준 일러스트레이터 리차드 윌킨슨과 각 페이지에 그림으로 명료하게 설명해준 그레이스 헬머에게도 감사합니다. 책을 구조적이고 효율적인 방법으로 특별하게 만들어 준 매튜 그린돈과 카렌 베이커, 그리고 물리적인 방법으로 또한 디지털에서도 가능한 모든 책꽂이에 책을 꽂아 준 케빈 호킨스, 감사합니다. 'Festival of the Spoken Nerd'를 이제껏 육성해준 노엘 게이의 모든 분에게 지속적인 감사를 보냅니다. 특별히 노엘 게이의 소피클레어 아미타지와 LBA의 다니엘레 지그녀에게, 책을 위해 모든 것을 준비해주고 원활히 진행해주었으며, 꼼꼼히 살펴줘서 감사하다는 말을 전합니다.

이 책에 적힌 단어와 아이디어를 위해 도움을 주신 분들이 매우 많습니다. 스티브의 조사를 위해 도움을 주신 루이셤 병원의 조산사분들께 그들의 친절과 기술에 대해 감사합니다. 그리고 내보내기 기능이 포함된 진통 시간을 재는 앱을 만들어 준 이안 레이크에게 감사합니다. 별자리의 위치를 계산할 수 있는 웹사이트를 만들어 준 주하니 카우고란타에게도, 스티브가 따로 만들 필요가 없게 해주어서 감사합니다. 왜 구슬이 내려가기 전에 올라가는지를 알게 해준 마크 워너와 존 비긴스에게도 감사합니다. 흥미로운 것들을 공유하는데 끝없는 열정을 전해준 콜린 라이트, 안드레아 셀라, 그리고 앤드루 퐁젠, 감사합니다. 캣 아니의 변함없는 격려와 예리한 눈에 감사합니다. 다른 건강한 사람들보다 위장 박테리아에 대해 더 많이 알고 있는 에드 용에게 감사합니다. 바나나 등가 선량의 컨셉을 소개해준 톰 와인티에게 감사합니다. 우리가 따라갈 수 있게 길을 열어준 로빈 인체와 우리의 스페셜한 손님인 '별'을 최초로 라디오에 초대해 준 Infinite Monkey Cage의 프로듀서인 사샤 페아켐에게 감사합니다. 필 맥인타이레 엔터테인먼트의 에이미 홉우드에게 우리가 하는 것들을 영국 여기저기에서 할 수 있게 도와주어 감사하다고 전합니다.

헬렌은 그녀의 남편인 롭과 이제 책이 완성되었으므로 아마도 왜 '엄마의 톡톡 톡톡톡 하는 은빛 상자'가 없어졌는지 궁금해하고 있을 딸 마틸다에게 감사하다고 전합니다.

스티브는 그의 가족인 리앤, 엘라, 리라, 그리고 새로운 아기에게, 종종 대단히 힘든 창의적인 프로세스 동안에 많은 도움을 주어서 감사하다고 전합니다.

그리고 마지막으로, 우리의 친구이자 동료인 매트 파커에게 'Festival of the Spoken Nerd' 뒤에서 수학적인 엄격함을 담당하는 것과 타우 무브먼트를 긴 세월 동안 서포트하고 있는 것에 대해 감사하다고 말하고 싶습니다. 우리는 너의 부록을 넣을 공간이 없었어. 미안, 아니 안 미안.

사소하고 유쾌한 생활 주변의 과학

방구석 과학쇼

1판 1쇄 발행 2020년 02월 28일

저   자 | Helen Arney, Steve Mould
번 역 가 | 이경주
발 행 인 | 김길수
발 행 처 | ㈜영진닷컴
주   소 | (우)08505 서울 금천구 가산디지털2로 123
　　　　　 월드메르디앙벤처센터 2차 10층 1016호
등   록 | 2007. 4. 27. 제16-4189

©2020. (주)영진닷컴

ISBN | 978-89-314-6186-2

YoungJin.com Y.
영진닷컴

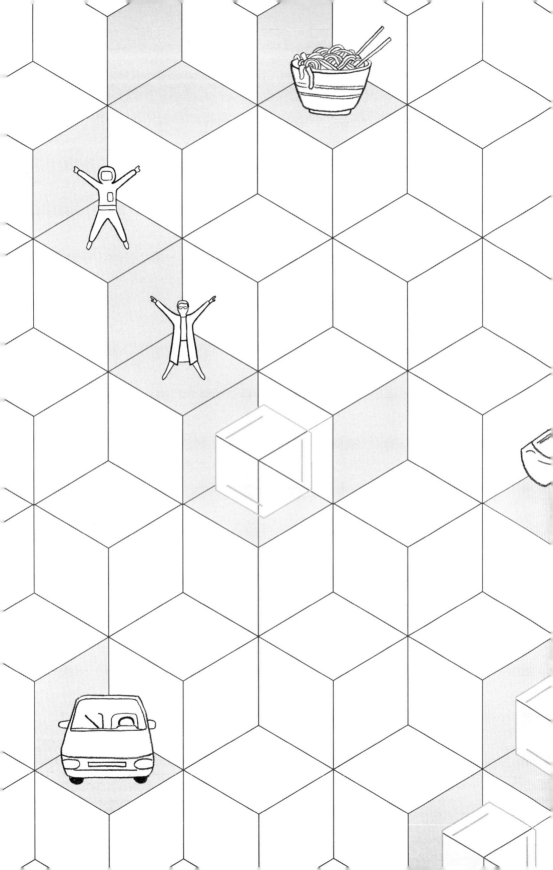

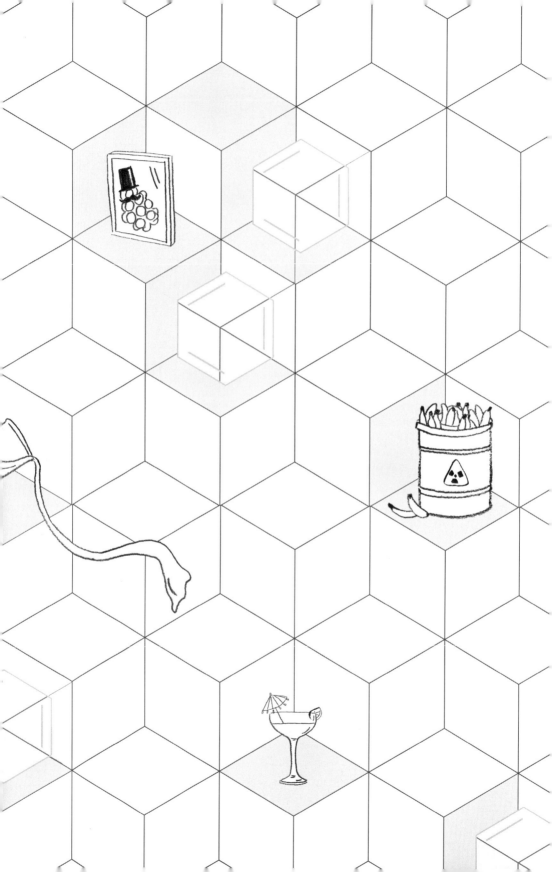